Dr Magdalena Laabs

Wytłaczanie folii metodą rozdmuchu

Optymalizacja procesów produkcyjnych

Rozwiązywanie problemów

Berlin · 2026

Rolbatch Press

Wersje językowe i formaty

Książka dostępna jest w następujących wersjach językowych: polskiej, angielskiej, niemieckiej, hiszpańskiej i włoskiej. W przygotowaniu między innymi: francuska, rosyjska, ukraińska, portugalska, arabska oraz chińska.

Wersja niemiecka:
„Blasfolien-Extrusion - Optimierung von Produktionsprozessen und Problemlösung"

ISBN: 978-83-979298-7-6 i 978-83-979298-8-3

Wersja angielska:
„Blown Film Extrusion - Process Optimization and Problem Solving"

ISBN: 978-83-979298-4-5 i 978-83-979298-5-2

Publikacja dostępna jest w następujących formatach: e-book, druk czarno-biały i kolorowy, w oprawie miękkiej oraz twardej.

www.rolbatch.eu/ksiazki
Kontakt: **Laabs@rolbatch.eu**

Autorka: Dr Magdalena Laabs, rzeczoznawca Stowarzyszenia Inżynierów i Techników Mechaników Polskich (SIMP), certyfikat nr 10172, specjalności: 109 — Inżynieria materiałowa, 215 — Maszyny i przetwórstwo tworzyw sztucznych.

Wydanie: Wydanie 2, rozszerzone

ISBN wydanie drukowane: 978-83-979298-1-4 (twarda oprawa)
ISBN wydanie drukowane: 978-83-979298-2-1 (miękka oprawa)
ISBN wydanie elektroniczne: 978-83-68794-10-6
ISBN serii: 978-83-979298-0-7
Wielka Księga Tworzyw Sztucznych

Wydawnictwo: Rolbatch Press
Rok wydania: 2026

Prawa autorskie i prawa wydawnicze

OD PRAKTYKÓW - DLA PRAKTYKÓW

Wiedza sprawdzona w realnych warunkach produkcyjnych.

„Problemy w produkcji rzadko pojawiają się nagle. Najczęściej są wynikiem drobnych zmian, które nie zostały zauważone lub zapisane.”

„To, czego nie mierzymy i nie zapisujemy, szybko przestaje być pod kontrolą.”

Dr Magdalena Laabs

K show Düsseldorf

SPIS TREŚCI

Książka została przygotowana jako praktyczne narzędzie pracy dla operatorów linii do wytłaczania folii metodą rozdmuchu, technologów, kierowników produkcji. Rozbudowany spis treści pozwala Ci szybko i precyzyjnie znaleźć konkretne zagadnienia technologiczne, objawy procesowe, przyczyny problemów oraz rekomendowane działania korygujące - bez konieczności przeglądania całych rozdziałów. Został zaprojektowany z myślą o codziennym wykorzystaniu książki w realnych warunkach produkcyjnych jako narzędzia referencyjnego wspierającego podejmowanie decyzji technicznych.

„Doświadczenie w przemyśle to nie suma zdarzeń, lecz zdolność wyciągania z nich wniosków."

- **Proces** pokazuje, gdzie powstaje problem.
- **Objaw** wskazuje, że w procesie pojawiło się odchylenie.
- **Decyzja** pokazuje, czy firma potrafi przełożyć tę informację na właściwe działanie.

Z perspektywy naukowej

Książka autorstwa dr Magdaleny Laabs zasługuje na uwagę ze względu na sposób, w jaki doświadczenia przemysłowe zostały przełożone na uporządkowany opis problemów technologicznych. Publikacja nie jest przeglądem literatury ani teoretycznym wykładem procesu wytłaczania folii metodą rozdmuchu, lecz próbą systematyzacji zjawisk obserwowanych w praktyce produkcyjnej.

Na uwagę zasługuje konsekwentne skupienie się na mechanizmach powstawania problemów technologicznych oraz na zależnościach pomiędzy parametrami procesu, zachowaniem materiału i efektem końcowym. Autorka nie ogranicza się do opisu objawów, lecz prowadzi czytelnika przez logikę analizy przyczynowej, co pozwala lepiej zrozumieć dynamikę procesu i charakterystyczne źródła niestabilności.

W ujęciu dydaktycznym publikacja pokazuje, w jaki sposób obserwacje z procesów przemysłowych mogą zostać uporządkowane i wykorzystane do analizy problemów technologicznych. Taki sposób prezentacji zagadnień ma istotne znaczenie zarówno w kształceniu inżynierów, jak i w doskonaleniu kompetencji osób już pracujących w branży.

Książka wnosi istotny wkład w obszar praktycznego nauczania technologii przetwórstwa tworzyw sztucznych, ponieważ łączy doświadczenie produkcyjne z analitycznym podejściem do rozwiązywania problemów.

Opisuje zagadnienia, które dotychczas nie były przedmiotem odrębnego, praktycznego opracowania książkowego. Dzięki temu może pełnić funkcję pomostu pomiędzy praktyką przemysłową a procesem kształcenia technicznego.

prof. dr hab. inż. Zenon Tartakowski

Z perspektywy chemii polimerów i przetwórstwa

Książka dr Magdaleny Laabs poświęcona jest rozwiązywaniu problemów występujących w procesie wytłaczania folii metodą rozdmuchu. Opisane zagadnienia odnoszą się do rzeczywistych sytuacji produkcyjnych i pokazują, że skuteczna diagnostyka problemów wymaga uwzględnienia nie tylko ustawień linii technologicznej, lecz także zachowania materiału w procesie.

Publikacja konsekwentnie wskazuje zależności pomiędzy parametrami procesu, właściwościami stopu oraz obserwowanymi defektami folii i niestabilnościami pracy linii. Takie podejście pozwala lepiej zrozumieć, dlaczego pozornie niewielkie zmiany materiałowe lub procesowe mogą prowadzić do poważnych problemów produkcyjnych.

Istotną wartością książki jest logiczne uporządkowanie problemów technologicznych oraz pokazanie ich przyczyn w sposób praktyczny i możliwy do zastosowania w warunkach przemysłowych. Autorka nie opisuje zagadnień w oderwaniu od produkcji, lecz odnosi je bezpośrednio do procesu, w którym materiał podlega uplastycznianiu, rozdmuchowi i chłodzeniu.

Publikacja ta stanowi rzetelne wsparcie dla technologów i inżynierów procesu, którzy w codziennej pracy muszą diagnozować problemy i podejmować decyzje technologiczne w oparciu o rzeczywiste zachowanie materiału i procesu, a nie wyłącznie o ustawienia maszynowe.

dr hab. inż. Marek Jałbrzykowski,
prof. Politechniki Białostockiej

Z praktyki przemysłowej

Ta książka jest zapisem praktycznych doświadczeń zdobytych w realnych projektach przemysłowych i koncentruje się na rozwiązywaniu problemów występujących w procesie wytłaczania folii metodą rozdmuchu. Zawarte w niej treści nie powstały na podstawie analiz teoretycznych ani kompilacji literatury, lecz w trakcie pracy przy wdrożeniach technologii przetwórstwa i recyklingu tworzyw sztucznych realizowanych u klientów w ramach projektów inżynierskich.

Magdalena od wielu lat działa w branży przetwórstwa tworzyw, uczestnicząc w projektach obejmujących pełny cykl inwestycyjny prowadzonych w zakładach klientów. W obszarze wytłaczania folii metodą rozdmuchu były to zadania realizowane od etapu planowania zakupu linii technologicznej, przez określanie konfiguracji technicznej dostosowanej do konkretnych zastosowań, aż po budowę linii w zakładach produkcyjnych klientów, wdrożenie technologii oraz odbiory techniczne.

Istotną wartością tej publikacji jest sposób, w jaki porządkuje ona doświadczenia z poszczególnych etapów uruchamiania i prowadzenia procesu w rzeczywistych warunkach przemysłowych. Opisane zagadnienia odnoszą się do problemów spotykanych na liniach produkcyjnych u klientów oraz do decyzji, które mają bezpośredni wpływ na stabilność procesu, jakość folii i efektywność pracy instalacji.

Książka została napisana z myślą o osobach pracujących w przemyśle: operatorach, technologach, inżynierach i menedżerach produkcji. Stanowi praktyczne uzupełnienie wiedzy technicznej i może być realnym wsparciem zarówno na etapie inwestycji, jak i podczas codziennej pracy z liniami do wytłaczania folii metodą rozdmuchu w zakładach produkcyjnych.

inż. Adam Laabs

Dla kogo jest ta książka

Dla operatorów linii do rozdmuchu folii

Ta książka to konkretna pomoc przy codziennych ustawieniach linii do wytłaczania folii metodą rozdmuchu. Znajdziesz tu wyjaśnienia, które pomagają rozpoznać pierwsze symptomy problemów, właściwie reagować na zmiany zachowania balonu, prawidłowo ustawić naciąg folii, regulować chłodzenie i unikać błędów najczęściej pojawiających się podczas nawijania. Opisane zależności pozwalają szybciej ocenić, które korekty mają sens na danym etapie procesu, a które mogą pogorszyć stabilność produkcji. Łatwiej utrzymasz stabilny proces i uzyskasz folię o powtarzalnych parametrach.

Dla działów utrzymania ruchu

Książka przedstawia zależności pomiędzy stanem technicznym podzespołów linii a jakością produkowanej folii. Znajdziesz tu konkretne wskazówki, które ułatwią identyfikację elementów wymagających regulacji lub przeglądu - takich jak pierścień chłodzący, układ prowadzenia folii, wały nawijające, rolki prowadzące, stabilizator balonu, sita filtracyjne czy ustawienie szczeliny ustnika.

Książka pomaga powiązać objawy problemów jakościowych z ich technicznymi przyczynami, co usprawnia planowanie konserwacji, minimalizuje nieplanowane przestoje i pozwala utrzymać stabilność procesu na co dzień.

Dla właścicieli firm i dyrektorów zakładów

Ta książka jest praktycznym narzędziem wspierającym Twoje decyzje operacyjne, które pomagają trafniej ocenić, kiedy problem wynika ze sposobu prowadzenia procesu, a kiedy jest konsekwencją ograniczeń samej linii lub jej wyposażenia. Dzięki temu możesz odróżnić sytuacje, w których poprawa stabilności produkcji nie wymaga inwestycji, od tych, w których modernizacja lub doposażenie linii jest technologicznie uzasadnione.

Zamiast działać intuicyjnie lub metodą prób i błędów, otrzymujesz uporządkowane podejście pozwalające szybciej identyfikować źródła strat, ograniczać odpady i reklamacje oraz podejmować decyzje inwestycyjne w oparciu o rzeczywiste potrzeby technologiczne, a nie wyłącznie o doraźne objawy problemów produkcyjnych.

Dla technologów i kierowników produkcji

Książka porządkuje najważniejsze parametry wpływające na stabilność procesu: chłodzenie, geometrię prowadzenia folii, ustawienia parametrów odciągu, kontrolę jakości surowców i pracę układu uplastyczniania. Dzięki temu szybciej diagnozujesz problemy, trafniej dobierasz korekty i skuteczniej zapobiegasz powstawaniu wad.

Książka skraca czas potrzebny na analizę przyczyn problemów i usprawnia codzienną kontrolę procesu. Ułatwia również standaryzację działań technologicznych i komunikację pomiędzy zmianami oraz zespołami produkcyjnymi.

Dla studentów i stażystów

Materiał wprowadza w praktyczne zasady działania procesu wytłaczania folii metodą rozdmuchu i pokazuje, jak wygląda praca na linii produkcyjnej od strony technicznej i procesowej. Wyjaśnia zależności pomiędzy parametrami procesu, ustawieniami urządzeń oraz właściwościami wyrobu końcowego, co ułatwia zrozumienie mechanizmów zachodzących podczas produkcji folii.

Książka łączy zagadnienia omawiane w trakcie studiów technicznych z rzeczywistymi warunkami produkcyjnymi, opisując typowe problemy występujące na liniach produkcyjnych oraz sposób ich identyfikacji i korygowania. Ułatwia poznanie terminologii stosowanej na produkcji oraz logiki decyzji podejmowanych przez operatorów i technologów.

Publikacja może być wykorzystywana jako materiał wspierający kształcenie techniczne, ponieważ opiera się na rzeczywistych procesach przemysłowych i przykładach pochodzących z praktyki produkcyjnej. Pozwala lepiej przygotować się do rozpoczęcia pracy w obszarze przetwórstwa tworzyw sztucznych oraz zrozumieć różnice pomiędzy opisem procesów w literaturze a ich przebiegiem w warunkach produkcyjnych.

Dla menedżerów jakości i zespołów odpowiedzialnych za reklamacje

Książka ułatwia analizę reklamacji poprzez powiązanie wad wyrobu z konkretnymi zjawiskami procesowymi i materiałowymi. Usprawnia komunikację pomiędzy działem jakości, produkcją i klientem końcowym oraz pozwala lepiej argumentować przyczyny problemów jakościowych.

> **„W przemyśle tworzyw sztucznych stabilność procesu zaczyna się od uważnej obserwacji, właściwej interpretacji objawów i systematycznego zapisywania wniosków."**
>
> **Dr Magdalena Laabs**

Dr Magdalena Laabs - linia do wytłaczania folii jednowarstwowej metodą rozdmuchu - Niemcy

„W produkcji nie wygrywa ten, kto wie najwięcej, lecz ten, kto potrafi konsekwentnie stosować wiedzę w praktyce."

Dr Magdalena Laabs

Laabs Technical Learning Method POD
Proces - Objaw - Decyzja

Metoda POD pomaga przełożyć wiedzę techniczną na praktyczne działanie. Uczy patrzeć na produkcję przez trzy pytania: gdzie w procesie pojawia się problem, po czym można rozpoznać odchylenie i jaką decyzję należy podjąć, aby utrzymać stabilność oraz jakość wyrobu.

WSTĘP

Wytłaczanie folii metodą rozdmuchu jest jedną z kluczowych technologii stosowanych w przemyśle przetwórstwa tworzyw sztucznych i stanowi podstawę funkcjonowania wielu branż współczesnego przemysłu. Folie wytwarzane tą metodą znajdują zastosowanie w wielu obszarach - od opakowań spożywczych i przemysłowych, przez folie techniczne i budowlane, aż po specjalistyczne aplikacje wymagające określonych właściwości mechanicznych, optycznych i użytkowych.

Każdego dnia miliony ludzi na całym świecie korzystają z produktów wykonanych z folii, jednak z mojego doświadczenia wynika, że mimo powszechności tej technologii, osiągnięcie stabilnej produkcji i powtarzalnej jakości wyrobu nadal stanowi jedno z największych wyzwań w codziennej pracy zakładów produkcyjnych. Z problemami tymi regularnie mierzą się zarówno operatorzy maszyn, jak i technolodzy oraz kierownicy produkcji.

Książkę przygotowałam z myślą o praktycznych potrzebach zakładów zajmujących się wytłaczaniem folii metodą rozdmuchu oraz o osobach, które na co dzień odpowiadają za stabilność procesu, jakość wyrobu i efektywność produkcji: operatorach linii, technologach produkcji, kierownikach i dyrektorach produkcji oraz właścicielach zakładów. Po ponad 20 latach osobistego doświadczenia zawodowego w obszarze przetwórstwa i recyklingu tworzyw sztucznych, wieloletnim prowadzeniu firmy inżynieryjnej Rolbatch oraz nadzorowaniu uruchomień ponad 200 linii technologicznych, w tym do produkcji folii, zauważyłam, że na rynku wydawniczym brakuje praktycznego przewodnika dla osób pracujących z technologią rozdmuchu folii.

Celem tej publikacji jest wsparcie codziennej pracy na produkcji poprzez uporządkowanie wiedzy procesowej, pokazanie zależności przyczynowo-skutkowych oraz ułatwienie diagnozowania i rozwiązywania typowych problemów technologicznych.

Publikacja opiera się na doświadczeniach zdobytych przeze mnie w ramach pracy projektowej, doradczej i nadzorczej, związanej z uruchamianiem i optymalizacją linii do produkcji folii w różnych zakładach przetwórstwa tworzyw sztucznych. Nie obsługuję maszyn produkcyjnych, lecz nadzoruję procesy wdrożeniowe, koordynuję pracę zespołów technologów oraz analizuję przebieg procesów technologicznych na etapie rozruchu i stabilizacji produkcji.

Świadomie skoncentrowałam się wyłącznie na technologii wytłaczania folii metodą rozdmuchu, bez rozszerzania zakresu na inne technologie, takie jak folie orientowane dwuosiowo czy folie wytwarzane metodą wylewania. Takie zawężenie tematu pozwala skupić się na problemach rzeczywiście występujących w praktyce przemysłowej.

Szczególną uwagę poświęciłam zagadnieniom, które w codziennej produkcji generują największe straty, przestoje i reklamacje. Należą do nich między innymi nierównomierna grubość folii, chropowatość i nierówna struktura powierzchni folii (w literaturze anglojęzycznej określana jako *orange peel*), smugi i przebarwienia, niestabilność balonu, problemy z nawijaniem, stożkowy kształt rolek oraz uszkodzenia folii powstające podczas transportu, konfekcjonowania i dalszego przetwarzania. Każdy z tych problemów omawiam z punktu widzenia mechanizmu jego powstawania, objawów widocznych na produkcji oraz możliwych kierunków działań korygujących.

Zakres tej publikacji został świadomie ograniczony do zagadnień procesowych, które mają bezpośrednie przełożenie na stabilność produkcji, jakość wyrobu oraz codzienne decyzje podejmowane na liniach do wytłaczania folii metodą rozdmuchu. Technologia ta obejmuje bardzo szerokie spektrum zagadnień konstrukcyjnych, materiałowych, reologicznych i aplikacyjnych, których pełne omówienie nie jest możliwe w jednej publikacji.

Do samej technologii wytłaczania folii metodą rozdmuchu można by przygotować wiele odrębnych książek, a mimo to temat nadal nie zostałby wyczerpany. Z tego względu w tym opracowaniu nie dążę do pełnego omówienia wszystkich aspektów technologii, lecz do przedstawienia najistotniejszych zależności procesowych i mechanizmów, które w praktyce decydują o przebiegu procesu oraz powstawaniu typowych problemów produkcyjnych.

Dotyczy to w szczególności surowców, barwników oraz dodatków do tworzyw sztucznych, którym poświęcone są osobne, specjalistyczne opracowania. W tej książce zagadnienia te zostały celowo omówione jedynie w zakresie niezbędnym do zrozumienia przebiegu procesu wytłaczania folii metodą rozdmuchu oraz mechanizmów powstawania problemów produkcyjnych.

Nie było moim celem szczegółowe opisywanie chemii polimerów, zasad doboru i stosowania koncentratów barwiących ani mechanizmów działania poszczególnych dodatków, ponieważ każde z tych zagadnień wymaga odrębnego, pogłębionego opracowania.

Publikacja nie zawiera opisów konkretnych ustawień linii do wytłaczania ani szczegółowych instrukcji regulacyjnych, takich jak wartości temperatur, położenia elementów regulacyjnych czy schematy korekt. Wynika to z faktu, że linie do wytłaczania folii metodą rozdmuchu różnią się istotnie pomiędzy sobą - zarówno pod względem konstrukcji głowic, systemów chłodzenia, geometrii ślimaków, jak i zastosowanych rozwiązań sterowania oraz rodzaju przetwarzanego surowca.

Z tego samego powodu w książce nie ujęto uniwersalnych wykresów procesowych, ponieważ zależności pomiędzy parametrami procesu a właściwościami folii w wytłaczaniu metodą rozdmuchu nie mają charakteru stałego ani przenoszalnego pomiędzy instalacjami.

Ich interpretacja bez kontekstu konstrukcyjnego i materiałowego byłaby pozornie precyzyjna, lecz w praktyce mogłaby prowadzić do błędnych wniosków.

Przedstawienie szczegółowych nastaw na jednym, konkretnym przykładzie linii technologicznej nie byłoby możliwe do bezpośredniego zastosowania na innych instalacjach. Ustawienia poprawne i uzasadnione w jednym przypadku, w innym mogłyby okazać się nieskuteczne lub niewłaściwe. Z tego względu książka koncentruje się na zależnościach procesowych, mechanizmach powstawania problemów oraz ich objawach, a nie na uniwersalnych receptach regulacyjnych. Takie podejście pozwala zrozumieć logikę procesu i samodzielnie dobierać parametry w odniesieniu do konkretnej linii, surowca i warunków produkcyjnych.

Ta książka jest częścią serii „Wielka Księga Tworzyw Sztucznych". Temat produkcji folii rozwijam również w dwóch osobnych książkach:

„Gdzie naprawdę uciekają pieniądze w produkcji folii" oraz

„Produkcja folii bez chaosu - Kompendium wiedzy o produkcji folii dla każdego stanowiska w firmie".

Zagadnieniom bezpieczeństwa i higieny pracy oraz ergonomii pracy w branży przetwórstwa i recyklingu tworzyw sztucznych poświęciłam trzy odrębne książki. Informacje o tych publikacjach oraz o możliwości ich zamówienia znajdziesz na końcu książki. W tej książce skupiamy się na aspektach procesowych i technologicznych wytłaczania folii metodą rozdmuchu.

Książka nie została napisana jako monografia naukowa. Traktuję ją jako praktyczny przewodnik procesowy, którego zadaniem jest wspieranie codziennej pracy na produkcji, pomoc w podejmowaniu świadomych decyzji technologicznych oraz ułatwienie komunikacji pomiędzy operatorami, technologami i kadrą zarządzającą.

Jej rolą jest uporządkowanie wiedzy i pokazanie, jak myśleć o procesie, a nie kompleksowe omówienie technologii rozdmuchu folii w jednym opracowaniu. **Zagadnienia związane z wytłaczaniem folii metodą rozdmuchu rozwijam szerzej w serii kursów online Rolbatch Academy.**

Książkę możesz traktować jako narzędzie wspomagające analizę procesu oraz punkt wyjścia do dalszych, pogłębionych działań technologicznych.

Fot. M.Laabs - Analiza procesu i jakości folii pięciowarstwowej.

Książka ta powstała dzięki współpracy z licznymi technologami specjalizującymi się w produkcji folii, którzy na przestrzeni lat służyli mi swoją wiedzą, doświadczeniem oraz praktycznymi wskazówkami.

Za to wsparcie serdecznie dziękuję.

K Show Düsseldorf

ROZDZIAŁ 1

WPROWADZENIE DO WYTŁACZANIA FOLII METODĄ ROZDMUCHU

Jeśli pracujesz z technologią wytłaczania folii metodą rozdmuchu lub nadzorujesz ten proces, ta książka została przygotowana właśnie dla Ciebie. Niezależnie od tego, czy jesteś na początku swojej kariery jako operator, czy też posiadasz wieloletnie doświadczenie technologiczne lub zarządcze, wiesz, jak ważna jest praktyczna wiedza dotycząca podstawowych zagadnień technologicznych. To właśnie ona umożliwia technologicznie efektywne prowadzenie procesu i stabilną pracę zakładu przetwarzającego tworzywa sztuczne.

Linia do rozdmuchu folii Jinming

Zanim przejdziemy do konkretnych problemów technologicznych, ich przyczyn oraz możliwych korekt, warto uporządkować podstawy procesu. W praktyce oznacza to zrozumienie, jak przebiega produkcja folii metodą rozdmuchu, czym różnią się typowe linie technologiczne i dlaczego dobór surowca ma bezpośredni wpływ na stabilność produkcji oraz jakość gotowej folii.

Realizując ponad 200 projektów wdrożeniowych linii technologicznych do przetwórstwa tworzyw, w tym do produkcji folii metodą rozdmuchu, wielokrotnie zauważyłam, że wiele powtarzających się problemów wynika z niedostatecznego zrozumienia podstawowych zasad funkcjonowania procesu produkcyjnego.

Brak odpowiedniej wiedzy technicznej, choćby w zakresie precyzyjnego doboru surowca czy prawidłowego ustawienia linii technologicznej, prowadzi do szeregu problemów produkcyjnych, strat materiałowych oraz reklamacji od klientów. Dlatego w tym rozdziale porządkuję podstawowe zagadnienia technologiczne, które pomagają lepiej prowadzić proces produkcji folii i unikać typowych błędów.

Opisuję te zagadnienia z perspektywy osoby, która przez lata uczestniczyła we wdrażaniu kompletnych linii technologicznych. Skupiam się na tym, co w praktyce wpływa na stabilność procesu, jakość folii i ograniczenie typowych problemów produkcyjnych.

W pierwszym rozdziale skupiam się na podstawach, które są potrzebne do zrozumienia dalszych problemów produkcyjnych. Najpierw pokazuję przebieg procesu wytłaczania folii metodą rozdmuchu - od uplastycznienia surowca w wytłaczarce, przez formowanie rękawa foliowego w głowicy, chłodzenie i stabilizację balonu folii, aż po prowadzenie i nawijanie gotowej folii.

Następnie omawiam najczęściej spotykane typy linii do wytłaczania folii metodą rozdmuchu oraz różnice konstrukcyjne, które wpływają na stabilność procesu, możliwości produkcyjne i jakość folii. Na końcu wprowadzam najważniejsze grupy surowców stosowanych w produkcji folii, w tym LDPE, LLDPE, MDPE i HDPE, aby pokazać, jak ich właściwości wpływają na przebieg procesu oraz parametry gotowego wyrobu.

W codziennej pracy na produkcji liczą się przede wszystkim informacje, które można odnieść do rzeczywistego procesu. Dlatego ten rozdział został napisany z perspektywy wdrożeń przemysłowych i współpracy z zakładami produkcyjnymi. Taka perspektywa pozwala wskazać typowe błędy technologiczne oraz obszary, w których można lepiej wykorzystać potencjał linii produkcyjnych.

Te podstawy będą potrzebne w dalszych częściach książki: przy diagnozowaniu problemów, optymalizacji procesu, doborze dodatków oraz prowadzeniu kontroli jakości na kolejnych etapach produkcji.

Rozwiązywanie problemów jakościowych, optymalizacja procesu oraz właściwy dobór surowców i dodatków stanowią kluczowe elementy stabilnej produkcji folii.

Zrozumienie przebiegu procesu rozdmuchu folii ułatwia identyfikację problemów produkcyjnych oraz świadomą optymalizację ustawień linii.

1.1 Na czym polega proces rozdmuchu folii?

Proces wytłaczania folii metodą rozdmuchu jest jedną z najczęściej wykorzystywanych metod produkcji folii z tworzyw sztucznych. W zakładach produkcyjnych proces ten jest codziennością, ale jego poszczególne etapy nie zawsze są jednakowo dobrze rozumiane. Poniżej przedstawiam kolejne etapy procesu produkcji folii metodą rozdmuchu - od uplastyczniania granulatu, przez formowanie balonu, aż po nawijanie gotowej folii.

Przyjrzyjmy się najpierw krótko, z jakich elementów składa się typowa linia do wytłaczania folii metodą rozdmuchu. Najważniejsze z nich to:

- Wytłaczarka (ang. extruder)
- Głowica wytłaczarska
- Pierścień chłodzący (ang. air ring - system chłodzenia powietrzem)
- Kosz stabilizujący (zwany również: „stabilizator balonu folii" lub „prowadnica balonu")
- Rama składania i odciąg folii
- Nawijarka do folii

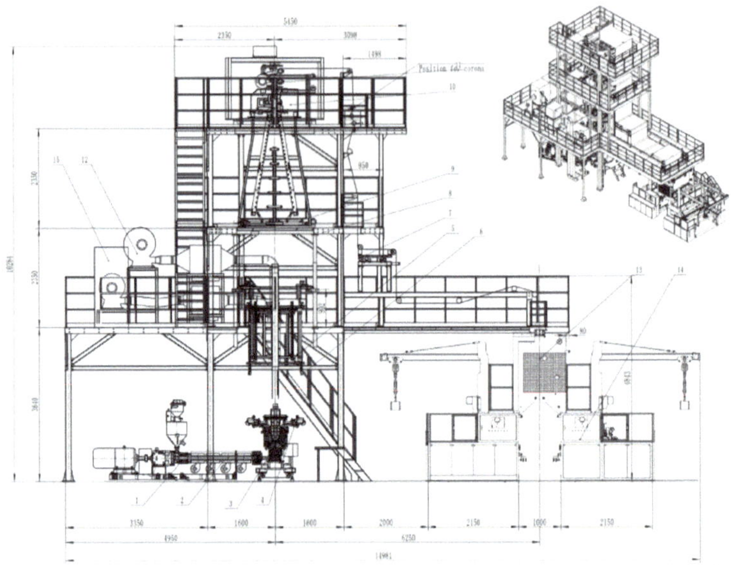

Ogólny schemat linii do wytłaczania folii metodą rozdmuchu

Schemat obejmuje strefę uplastyczniania tworzywa w wytłaczarce, głowicę do wytłaczania, układ chłodzenia balonu, wieżę do prowadzenia folii ze stabilizacją balonu, ramę składania rękawa oraz zespoły odciągu, prowadzenia i nawijania folii. Zaznaczono również typowe układy konstrukcyjne wsporcze, platformy obsługowe oraz ciągi technologiczne pomiędzy poszczególnymi sekcjami linii.

Rysunek przedstawia przykładową konfigurację przemysłowej linii do produkcji folii metodą rozdmuchu, ukazującą podstawowe zespoły technologiczne oraz ich wzajemne usytuowanie w układzie pionowym i poziomym.

Linia do wytłaczania folii 5-warstwowej metodą rozdmuchu (Jinming)

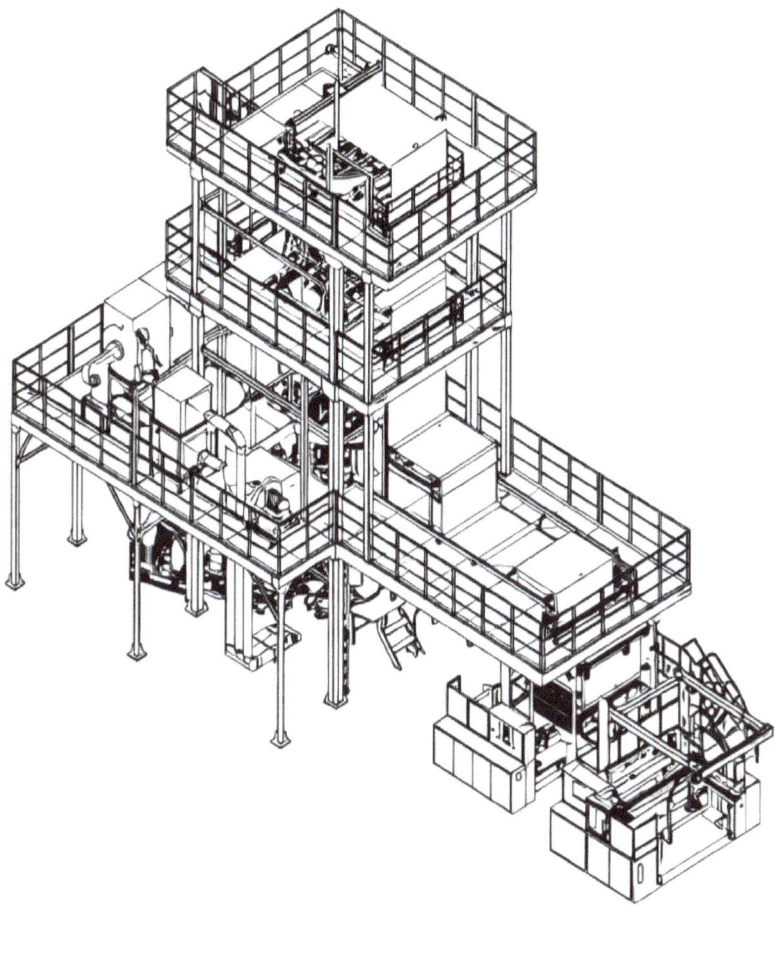

Rysunki mają charakter poglądowy

Teraz prześledźmy szczegółowo każdy z etapów:

Etap 1: Uplastycznianie granulatu

Proces rozpoczyna się od dostarczenia tworzywa sztucznego (najczęściej polietylenu LDPE, LLDPE lub MDPE) w formie granulatu do leja zasypowego wytłaczarki. W liniach wielowarstwowych surowiec podawany jest do kilku wytłaczarek jednocześnie. Granulat jest stopniowo podgrzewany i uplastyczniany w cylindrze za pomocą ślimaka, który obracając się, przepycha tworzywo w stronę głowicy.

Temperatura uplastyczniania zależy od rodzaju tworzywa, najczęściej wynosi od 170°C do 230°C.

Zestaw wytłaczarek - linia do wytłaczania folii 5-warstwowej Jinming

Etap 2: Formowanie rękawa foliowego w głowicy

Uplastycznione tworzywo opuszczające cylinder wytłaczarki trafia do głowicy, gdzie następuje formowanie rękawa foliowego. W głowicy stop tworzywa jest rozprowadzany obwodowo i kierowany do szczeliny ustnika, z której wypływa w postaci cienkościennego rękawa foliowego. W przypadku linii wielowarstwowych poszczególne strumienie stopu z kilku wytłaczarek są łączone w głowicy, tworząc rękaw wielowarstwowy o określonej strukturze.

Kluczowe znaczenie na tym etapie ma równomierny rozkład stopu w głowicy, stabilność przepływu oraz symetria szczeliny ustnika. To właśnie w głowicy ustala się wstępny rozkład grubości folii na obwodzie rękawa, który następnie jest modyfikowany przez rozciąganie i chłodzenie. Nierównomierny przepływ stopu, lokalne różnice temperatury lub nieprawidłowa geometria ustnika prowadzą do zaburzeń grubości, które ujawniają się w dalszych etapach procesu.

Po opuszczeniu ustnika do wnętrza rękawa wprowadzane jest powietrze, które powoduje jego rozdmuchanie do zadanej średnicy. Wielkość balonu oraz współczynnik rozdmuchu (BUR - Blow-Up Ratio) wpływają na orientację folii, jej właściwości mechaniczne oraz stabilność dalszego prowadzenia. Na tym etapie formowany jest balon foliowy, który następnie przechodzi do strefy chłodzenia.

Zdjęcie: strefa głowicy wytłaczarskiej z pierścieniem chłodzącym (air ring) i systemem wewnętrznego chłodzenia balonu folii (z ang. IBC – Internal Bubble Cooling)

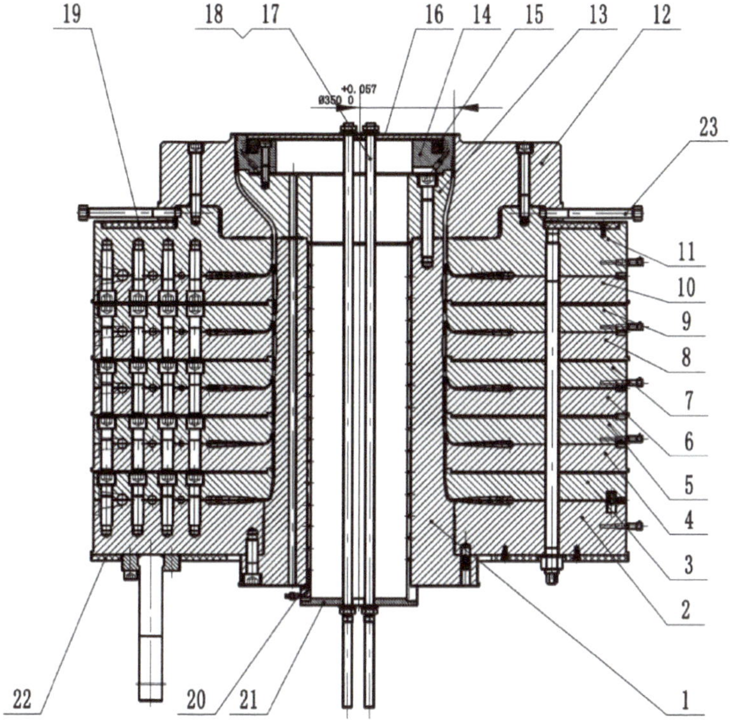

Rysunek. Głowica wytłaczarska do produkcji folii metodą rozdmuchu - przekrój, układ kanałów przepływu stopu

1 - rdzeń wewnętrzny; 2 - dolny kanał warstwy A; 3 - górny kanał warstwy A; 4 - dolny kanał warstwy B; 5 - górny kanał warstwy B; 6 - dolny kanał warstwy C; 7 - górny kanał warstwy C; 8 - dolny kanał warstwy D; 9 - górny kanał warstwy D; 10 - górny kanał warstwy E; 11 - dolny kanał warstwy E; 12 - pierścień głowicy; 13 - łącznik trzpienia; 14 - trzpień głowicy; 15 - grzałka trzpienia; 16 - centralny element trzpienia; 17 - doprowadzenie powietrza 1; 18 - doprowadzenie powietrza 2; 19 - izolacja termiczna kanału warstwy E; 20 - izolacja termiczna kanału warstwy A; 21 - tuleja mocująca grzałkę rdzenia; 22 - centralny element rdzenia; 23 - śruba regulacyjna.

Etap 3: Chłodzenie folii

Chłodzenie folii odbywa się za pomocą pierścienia chłodzącego (ang. air ring) umieszczonego wokół wylotu głowicy, bezpośrednio po opuszczeniu przez stop tworzywa ustnika. Wdmuchiwane powietrze ochładza folię, powodując jej zestalenie. Intensywność chłodzenia oraz równomierność nawiewu mają kluczowe znaczenie dla uzyskania odpowiedniej jakości powierzchni, równomiernej grubości i stabilności balonu.

Nieprawidłowe chłodzenie jest często przyczyną wielu defektów, takich jak nierównomierna grubość folii czy niestabilność balonu (jego drgania i falowanie).

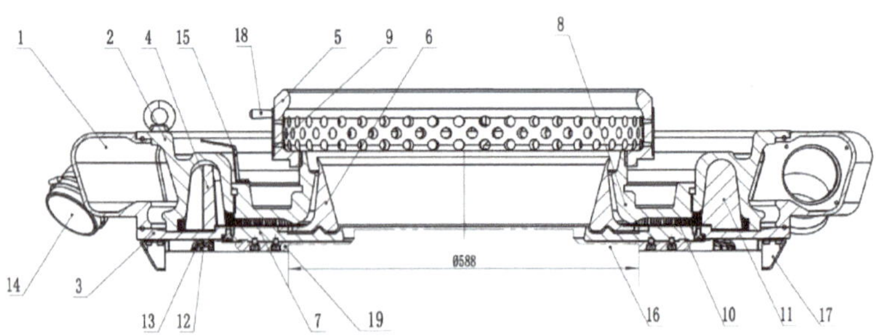

Rys. Air ring - pierścień chłodzący

Opis rysunku z poprzedniej strony:

Konstrukcja pierścienia powietrznego (Air Ring).

1 - komora powietrzna; 2 - górna pokrywa komory powietrznej; 3 - podstawa pierścienia powietrznego; 4 - blok rozdzielający; 5 - pierścień ochronny powietrza; 6 - pierścień izolacyjny kanału powietrznego; 7 - dolny kanał powietrzny; 8 - pierścień regulacyjny górnego kanału powietrznego; 9 - pierścień regulacyjny; 10 - podkładka izolacji cieplnej; 11 - płyta izolacji cieplnej; 12 - element grzewczy; 13 - płyta dociskowa elementu grzewczego; 14 - przyłącze powietrza (nadmuch); 15 - uchwyt regulacyjny; 16 - osłona ochronna; 17 - podstawa puszki przyłączeniowej; 18 - uchwyt; 19 - blok pozycjonujący.

System IBC (Internal Bubble Cooling) - perforowany kanał dystrybucji powietrza do wewnętrznego chłodzenia balonu folii

Etap 4: Stabilizacja balonu folii

Aby balon folii zachował stabilny kształt i średnicę, używa się specjalnych koszy stabilizujących (tzw. stabilizatory balonu). Balon folii prowadzony jest wewnątrz takiego kosza, co zapewnia mu prawidłowy kształt i zapobiega jego deformacjom.

Właściwie dobrana stabilizacja pozwala uniknąć typowych problemów na tym etapie produkcji - m.in. falowania balonu czy jego zniekształcania.

Zdjęcie: **kosz stabilizujący balon** zbudowany z wielu poziomych rolek prowadzących, zamontowanych na sztywnej konstrukcji ramowej (Jinming)

Stabilizator balonu z elementami prowadzącymi i ramą nośną, widziany od dołu w osi balonu (Jinming)

Etap 5: Spłaszczanie i transport folii

Po ochłodzeniu i ustabilizowaniu rękaw foliowy jest spłaszczany w ramie składania, a następnie przechodzi przez układ odciągu, który prowadzi folię do góry i utrzymuje jej odpowiednie naprężenie.

Na tym etapie można dodatkowo ciąć rękaw po bokach (przy produkcji folii płaskiej) lub pozostawić go w formie rękawa zamkniętego. Prędkość odciągu wpływa bezpośrednio na grubość produkowanej folii - im szybszy odciąg, tym cieńsza folia.

Układ spłaszczania rękawa foliowego (rama składania), odpowiedzialny za prowadzenie i stabilne złożenie folii przed odciągiem i nawijaniem. (Fot. Dr Magdalena Laabs - Jinming - Chiny)

Prawidłowe ustawienie ramy składania ma istotny wpływ na równomierność prowadzenia folii, stabilność krawędzi rękawa oraz zachowanie folii w dalszych etapach odciągu i nawijania.

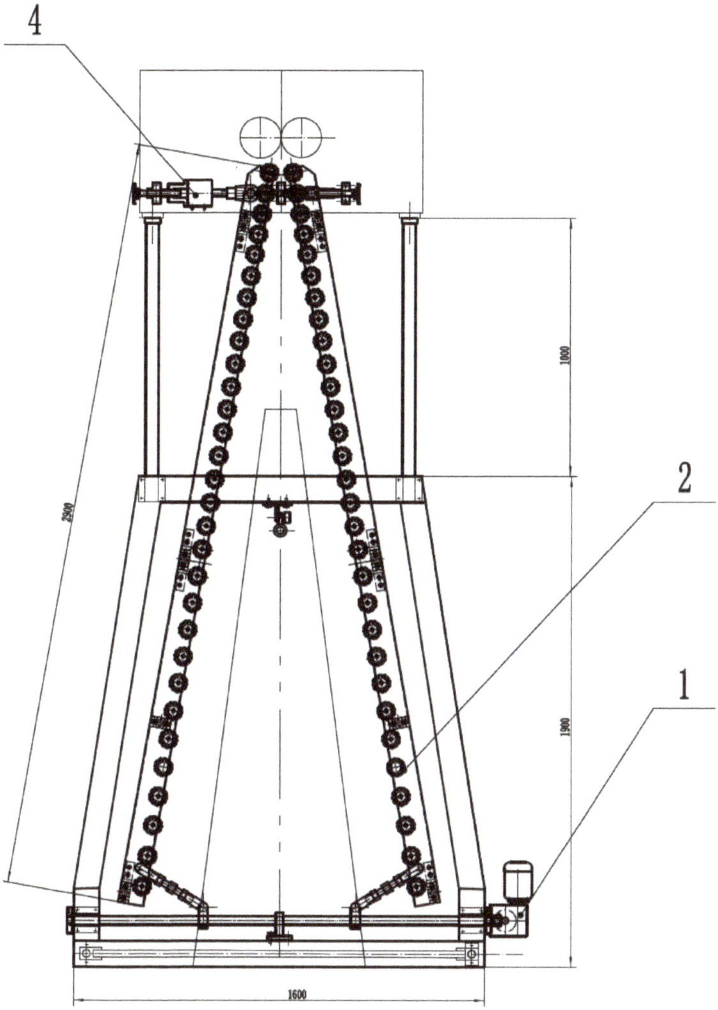

Kosz stabilizujący balon folii - widok z boku

(tzw. stabilizator balonu, ang. bubble cage)

1 - Podstawa kosza stabilizującego, 2 - Zespoły rolek stabilizujących balon, 4 - Górna sekcja stabilizacji balonu (Jinming)

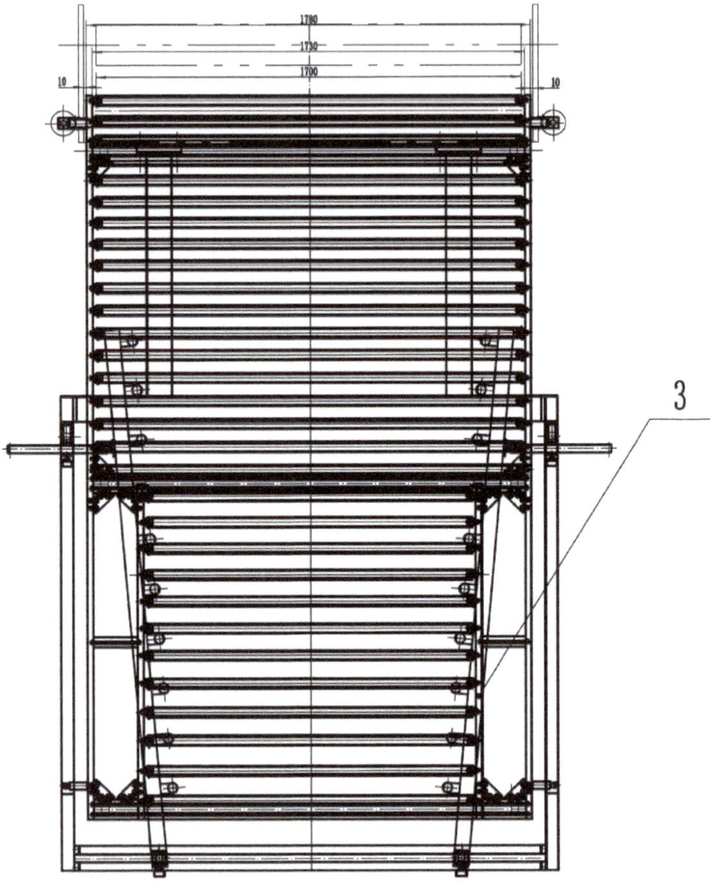

Rysunek: kosz stabilizujący balon folii - widok z przodu

Układ wielu rolek tworzących „kosz" - powierzchnie prowadzące, które utrzymują balon w osi, tłumią drgania i ograniczają falowanie (Jinming)

3 - Rama nośna kosza

Etap 6: Nawijanie folii na rolki

Na tym etapie **procesu folia** jest już schłodzona w trakcie prowadzenia jej do strefy składania. W drodze od strefy chłodzenia do zamykarki następuje dalsza stabilizacja temperatury oraz wyrównanie naprężeń wzdłużnych rękawa foliowego.

Po zamknięciu rękawa w zamykarce (ramie składania) folia jest prowadzona w dół przez układ rolek transportowych, których zadaniem jest kontrola toru prowadzenia, stabilizacja szerokości rękawa po złożeniu (ang. lay-flat) oraz utrzymanie właściwego naprężenia przed nawijaniem. Prawidłowe ustawienie tego odcinka linii ma kluczowe znaczenie dla dalszego przebiegu procesu.

Następnie folia trafia do nawijarki, gdzie następuje końcowe formowanie rolki. Nawijanie musi przebiegać w sposób równomierny, z kontrolowanym napięciem, tak aby uzyskać rolkę o stabilnej geometrii, prostych krawędziach i jednorodnym ułożeniu warstw.

Problemy występujące na etapie nawijania, takie jak marszczenie folii, niestabilne krawędzie, rozwarstwianie lub stożkowy kształt rolki, bardzo często nie są skutkiem nieprawidłowej pracy samej nawijarki, lecz konsekwencją błędów z wcześniejszych etapów procesu. Najczęściej są one wynikiem nierównomiernej grubości folii, nieprawidłowego chłodzenia, zaburzeń w odciągu lub niewłaściwego prowadzenia folii przed nawijaniem. Dlatego etap nawijania należy traktować nie tylko jako operację końcową, lecz również jako punkt kontrolny całego procesu, który ujawnia jakość i stabilność wcześniejszych ustawień technologicznych.

Prowadzenie i stabilizacja folii po zamknięciu rękawa – kontrola naprężenia i przygotowanie do nawijania (Jinming).

Zdjęcie: **nawijarka typu back-to-back** - układ dwóch sekcji nawijania w pozycji przeciwległej, stosowany przy rozcinaniu rękawa foliowego i jednoczesnym nawijaniu dwóch oddzielnych pasm folii (Jinming - Chiny).

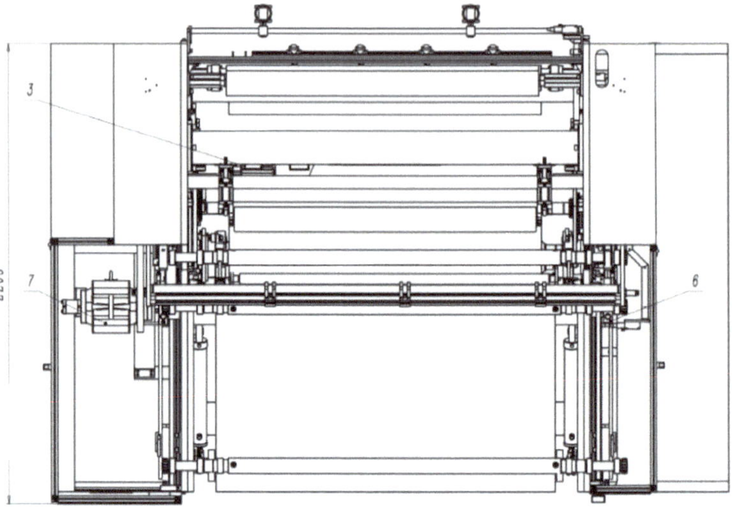

Nawijarka (winder)

1 - rama nawijarki; 2 - rolka dociskowa; 3 - napędzana rolka dociskowa; 4 - ramię oscylacyjne z napędem; 5 - nóż poprzeczny; 6 - ramię dociskowe; 7 - centralny zespół napędowy (Jinming)

Jak każdy z etapów wpływa na końcową jakość folii?

Każdy etap produkcji ma istotny wpływ na jakość gotowego produktu:

- Ustawienia temperatury cylindra wytłaczarki i ślimaka - decydują o jednorodności stopionego tworzywa i jego lepkości.
- Ciśnienie powietrza rozdmuchującego balon - wpływa na współczynnik rozdmuchu (BUR), a tym samym na orientację poprzeczną folii (CD) oraz jej wytrzymałość i elastyczność.
- Chłodzenie folii - decyduje o jej grubości, przejrzystości, orientacji i odporności na uszkodzenia.
- Stabilizacja balonu - wpływa na równomierność grubości folii, jej stabilność i brak deformacji.
- Odciąg i spłaszczanie folii - odciąg folii wpływa na jej grubość poprzez stosunek ciągnięcia (DDR - Draw-Down Ratio), natomiast spłaszczanie oddziałuje na geometrię rękawa i równomierność struktury folii.
- Nawijanie folii - wpływa na jakość rolki folii, możliwość jej dalszego przetwarzania oraz późniejszego rozwijania przez użytkownika.

Na tym etapie najważniejsze jest zrozumienie, że wytłaczanie folii metodą rozdmuchu nie jest jednym prostym działaniem, lecz ciągiem powiązanych ze sobą etapów. Uplastycznienie surowca, równomierny wypływ stopu z głowicy, stabilne chłodzenie, prowadzenie balonu folii, odciąg i nawijanie wpływają na siebie wzajemnie. Jeżeli jeden z tych obszarów pracuje niestabilnie, problem bardzo często ujawnia się dopiero później - na powierzchni folii, w jej grubości, podczas prowadzenia rękawa albo na gotowej rolce.

Dlatego przy analizie wad nie wystarczy patrzeć tylko na miejsce, w którym objaw jest widoczny. Trzeba wrócić do wcześniejszych etapów procesu i sprawdzić, gdzie mogło dojść do zaburzenia.

Materiały uzupełniające - filmy instruktażowe, zdjęcia z linii, przykłady z praktyki oraz quizy - dostępne są w **kursach online Rolbatch Academy**.

1.2 Typowe linie do produkcji folii metodą rozdmuchu

Po omówieniu przebiegu procesu produkcji folii metodą rozdmuchu można przejść do charakterystyki typowych linii technologicznych stosowanych w zakładach przetwórstwa tworzyw sztucznych. Różne konstrukcje linii mają odmienne możliwości produkcyjne i to one decydują o tym, jak efektywnie możesz sterować procesem oraz jakie rodzaje folii jesteś w stanie wytwarzać. Każda linia do rozdmuchu folii składa się z tych samych podstawowych elementów (wytłaczarka, głowica, układ chłodzenia, kosz stabilizujący balon folii, układ spłaszczania i nawijania), ale ich konstrukcja i parametry mogą się znacząco różnić.

Na kolejnych stronach przedstawiam najczęściej spotykane rodzaje linii technologicznych do produkcji folii metodą rozdmuchu:

1. Linie jednowarstwowe

Najprostsze i jednocześnie najczęściej spotykane w Polsce i Europie Środkowej są linie jednowarstwowe, czyli takie, w których folia składa się tylko z jednej warstwy surowca. Są one najczęściej wykorzystywane do produkcji podstawowych folii opakowaniowych, folii ochronnych, worków foliowych czy prostych rękawów foliowych. Ze względu na swoją budowę i zakres zastosowań stanowią one często punkt wyjścia dla wielu zakładów rozpoczynających produkcję folii.

Charakterystyczne cechy linii jednowarstwowych:

- Prosta konstrukcja - tylko jedna wytłaczarka i jedna głowica wytłaczarska.
- Łatwa obsługa - szybkie przezbrojenie maszyny, proste sterowanie.
- Ekonomiczna produkcja - niższe koszty zakupu i eksploatacji w porównaniu do linii wielowarstwowych.

Fot. Linie do rozdmuchu folii 1 warstwowej

Linia do wytłaczania folii jednowarstwowej - przykład instalacji w zakładzie produkcyjnym w Niemczech, pochodzący z realizacji wdrożeniowych Rolbatch Engineering. (Fot. Magdalena Laabs)

2. Linie wielowarstwowe

Linie wielowarstwowe (najczęściej 3- i 5-warstwowe) pozwalają produkować folie, które mają kilka różnych warstw. Każda warstwa może być wykonana z innego tworzywa lub z mieszanek tworzyw, dzięki czemu folia posiada specyficzne właściwości. Najczęściej stosowane są linie do wytłaczania folii trzywarstwowych, choć coraz częściej spotyka się linie pięcio-, siedmio-, a nawet dziewięcio- i jedenastowarstwowe. Na kolejnej stronie przedstawiona jest linia do wytłaczania folii 5-warstwowej barierowej metodą rozdmuchu. Takie rozwiązanie umożliwia precyzyjne rozdzielenie funkcji poszczególnych warstw, bez konieczności kompromisów materiałowych. Dzięki temu możliwe jest jednoczesne spełnienie wymagań mechanicznych, technologicznych i aplikacyjnych folii.

Ważne zalety linii wielowarstwowych:

- **Lepsze właściwości folii** - możliwość uzyskania np. wysokiej wytrzymałości, lepszej zgrzewalności, barierowości czy odporności chemicznej.
- **Specjalistyczne zastosowania** - folie termokurczliwe, folie spożywcze, rolnicze, folie typu stretch hood (folie rozciągliwe stosowane w przemyśle).

W liniach wielowarstwowych liczba warstw nie musi odpowiadać liczbie wytłaczarek. Wytłaczarki podają stop do systemu rozdziału strumieni (tzw. układu rozdziału strumieni z ang. feedblock albo głowicy współwytłaczającej), gdzie kanały przepływu są dzielone lub łączone, co pozwala uzyskać więcej warstw niż liczba wytłaczarek pracujących na linii.

Linia do wytłaczania folii pięciowarstwowej barierowej z warstwą PA - przykład instalacji w zakładzie produkcyjnym w Polsce, pochodzący z realizacji wdrożeniowych Rolbatch Engineering. (Fot. Magdalena Laabs)

W technologiach 5-, 7-, 9- i 11-warstwowych stosuje się dystrybutory, elementy dzielące strumień stopu (splittery), układy typu feedblock oraz rozgałęzienia kanałów, które pozwalają uzyskać więcej warstw niż liczba wytłaczarek.

Przykład z praktyki:

- **3 wytłaczarki → 5 warstw,**
- **5 wytłaczarek → 7 lub 9 warstw,**
- **7 wytłaczarek → 9 lub 11 warstw.**

Typowa konfiguracja linii trzywarstwowej to:

- **Warstwa zewnętrzna** - zapewnia np. dobre właściwości ślizgowe lub zgrzewalne.
- **Warstwa środkowa** - odpowiada za barierę, odporność mechaniczną lub kurczliwość.
- **Warstwa wewnętrzna** - decyduje np. o odporności chemicznej lub o odpowiednich właściwościach zgrzewalnych.

3. Specjalistyczne linie produkcyjne

Istnieją również specjalistyczne linie produkcyjne dedykowane konkretnym typom folii. Przykłady takich linii to:

- **Linie do produkcji folii termokurczliwych** - posiadają specjalne systemy chłodzenia i orientacji folii, które zapewniają jej optymalną kurczliwość w tunelach obkurczających.
- **Linie do produkcji folii stretch hood** - wyposażone w zaawansowane systemy stabilizacji balonu i bardzo precyzyjne układy kontroli grubości. Folie te są stosowane do zabezpieczania ładunków na paletach

- **Linie do produkcji folii biodegradowalnych** - odpowiednio przystosowane do pracy z tworzywami biodegradowalnymi, które wymagają specjalnych parametrów temperatury, chłodzenia oraz filtracji.

Jak wybrać odpowiednią linię do produkcji folii?

Wybór odpowiedniej linii do produkcji folii powinien uwzględniać:

- **Rodzaj produkowanej folii** - jakie właściwości ma mieć Twój produkt?
- **Oczekiwane wielkości produkcji** - ile folii miesięcznie lub rocznie chcesz produkować?
- **Możliwości technologiczne zakładu** - powierzchnia hali, dostępna moc elektryczna, wentylacja i chłodzenie.
- **Budżet inwestycyjny** - ile chcesz przeznaczyć na zakup i eksploatację maszyny?

Decydując się na nową linię produkcyjną, **warto skonsultować swoje potrzeby z doświadczoną firmą inżynierską**, posiadającą praktyczne doświadczenie w doborze technologii produkcji, maszyn i surowców oraz w szkoleniu operatorów odpowiedzialnych za stabilność procesu.

Jeśli interesują Cię konkretne przykłady linii technologicznych, warto je omówić indywidualnie - jako firma doradcza pomagamy w doborze i analizie rozwiązań dostosowanych do rzeczywistych potrzeb produkcyjnych.

- **Najczęściej stosowane linie do rozdmuchu folii to linie jednowarstwowe i trzywarstwowe**, a do określonych zastosowań - linie specjalistyczne.
- **Linie wielowarstwowe pozwalają produkować folie o zaawansowanych właściwościach użytkowych**, ale wymagają większych nakładów inwestycyjnych i bardziej skomplikowanej obsługi.
- **Wybór odpowiedniej linii powinien być dostosowany do rodzaju produkowanej folii, oczekiwań co do jakości i ilości produkcji oraz możliwości technologicznych i finansowych Twojej firmy.**

Dobór linii do wytłaczania folii metodą rozdmuchu zawsze powinien wynikać z rodzaju produkowanej folii, wymaganej struktury warstw, oczekiwanej jakości wyrobu oraz rzeczywistych możliwości technologicznych zakładu.

1.3 Wprowadzenie do surowców - LDPE, LLDPE, MDPE, HDPE, PA, EVOH i EVA

Surowiec, który wybierzesz do produkcji folii, bezpośrednio decyduje o jej właściwościach, zastosowaniu oraz przebiegu całego procesu produkcji. Folie produkowane metodą rozdmuchu mogą być wytwarzane z różnych materiałów polimerowych, jednak w praktyce najczęściej wykorzystywany jest polietylen (PE) w kilku podstawowych odmianach, a także bardziej specjalistyczne materiały, takie jak poliamid (PA), EVOH czy EVA.

W praktyce produkcji folii metodą rozdmuchu najczęściej stosowane są następujące grupy surowców polimerowych:

- LDPE (polietylen o niskiej gęstości)
- LLDPE (liniowy polietylen o niskiej gęstości)
- MDPE (polietylen o średniej gęstości)
- HDPE (polietylen o wysokiej gęstości)
- PA (poliamid)
- EVOH (kopolimer etylenu i alkoholu winylowego)
- EVA (kopolimer etylenu i octanu winylu)

Polipropylen (PP) nie jest standardowo stosowany do produkcji folii metodą rozdmuchu; używa się go sporadycznie, głównie w postaci niewielkich domieszek lub w zastosowaniach specjalistycznych. Folie PP produkuje się przede wszystkim metodą cast (CPP) lub jako folie BOPP.

Dokładne poznanie podstawowych różnic między tymi materiałami pozwoli Ci lepiej dobrać właściwy surowiec do konkretnego typu folii, którą zamierzasz produkować.

1.3.1 Polietylen LDPE (ang. Low Density Polyethylene - polietylen o niskiej gęstości)

LDPE to tradycyjny, najczęściej spotykany polietylen w produkcji folii opakowaniowych. Charakteryzuje się łatwym przetwórstwem, dobrymi właściwościami mechanicznymi oraz wysoką przejrzystością. Folie LDPE są miękkie, elastyczne i w dotyku przypominają powierzchnię lekko woskowaną, co odróżnia je od szeleszczących i sztywniejszych folii z HDPE.

Z punktu widzenia technologii rozdmuchu LDPE zapewnia stabilny przebieg procesu i przewidywalne zachowanie stopu w szerokim zakresie parametrów. Surowiec ten dobrze sprawdza się zarówno na liniach o mniejszej wydajności, jak i w produkcji przemysłowej o dużej skali.

Dzięki temu LDPE jest często wykorzystywany jako materiał bazowy lub składnik mieszanek surowcowych.

Cechy charakterystyczne LDPE:

- **Wysoka przejrzystość** - folia jest przezroczysta, bardzo dobrze eksponuje produkty.
- **Elastyczność** - folia łatwo się rozciąga i dopasowuje do pakowanego produktu.
- **Bardzo dobra zgrzewalność** - łatwe wykonywanie szczelnych zgrzewów.
- **Stabilność procesu produkcji** - łatwy w przetwórstwie, tolerancyjny wobec drobnych błędów ustawień maszyn.

LDPE najczęściej stosuje się do produkcji:

- worków foliowych,
- folii opakowaniowych i spożywczych,
- prostych rękawów foliowych,
- folii termokurczliwych.
- grubszych toreb zakupowych z LDPE.

1.3.2 Polietylen LLDPE (ang. Linear Low Density Polyethylene - tak zwana „liniówka")

LLDPE cechuje wyższa wytrzymałość mechaniczna niż LDPE, szczególnie odporność na przebicie i rozerwanie, przy zachowaniu dobrej elastyczności.

Najczęstsze zastosowania folii LLDPE to:

- folie stretch,
- folie termokurczliwe,
- opakowania przemysłowe,
- rękawy foliowe o podwyższonej wytrzymałości.

LLDPE jest wytwarzany w procesie kopolimeryzacji etylenu z dodatkiem α-olefin, takich jak buten (C4), heksen (C6) lub okten (C8). Zastosowanie tych komonomerów poprawia właściwości mechaniczne tworzywa, w szczególności odporność na przebicie oraz rozciągliwość. Należy jednak pamiętać, że przetwarzanie LLDPE wymaga bardziej precyzyjnego ustawienia chłodzenia oraz odpowiedniej regulacji ciśnienia powietrza w balonie foliowym.

1.3.3 Polietylen MDPE (ang. Medium Density Polyethylene - polietylen średniej gęstości)

MDPE stanowi pośrednią odmianę między LDPE i HDPE. Łączy w sobie elastyczność LDPE i sztywność HDPE.

Stosowany jest przede wszystkim do produkcji:

- folii ogólnego zastosowania,
- worków i opakowań przemysłowych,
- folii zabezpieczających i transportowych.

1.3.4 Polietylen HDPE (ang. High Density Polyethylene - polietylen wysokiej gęstości)

HDPE charakteryzuje się dużą sztywnością, wysoką odpornością chemiczną i mechaniczną. Folie z HDPE są zazwyczaj cienkie, wytrzymałe, szeleszczące, matowe lub półmatowe.

Przykładowe zastosowania HDPE:

- folie do produkcji popularnych reklamówek,
- cienkie woreczki spożywcze i przemysłowe,
- folie techniczne (izolacyjne, ochronne).

1.3.5 Polipropylen (PP)

PP to tworzywo o dużej sztywności oraz wysokiej odporności termicznej i chemicznej. Folie PP są błyszczące, odporne na podwyższoną temperaturę i cechują się dobrą stabilnością wymiarową. W praktyce przemysłowej folie PP częściej wytwarza się jako folie wylewane (CPP) lub orientowane dwuosiowo (BOPP). W technologii rozdmuchu PP pojawia się rzadziej i wymaga odpowiednich warunków przetwarzania oraz konfiguracji linii.

Przykładowe zastosowania PP:

- opakowania spożywcze i folie piekarnicze,
- etykiety foliowe,
- folie techniczne wymagające zwiększonej odporności chemicznej.

1.3.6 Poliamid (PA)

PA to materiał wykorzystywany głównie w produkcji folii wielowarstwowych, zapewniających wysoką barierę dla tlenu i innych gazów, bardzo dobrą wytrzymałość mechaniczną oraz odporność na przebicie.

Przykładowe zastosowania PA w foliach wielowarstwowych:

- folie próżniowe (np. pakowanie mięsa, serów),
- opakowania techniczne i przemysłowe,
- folie barierowe wysokiej jakości.

1.3.7 EVOH (kopolimer etylenu i alkoholu winylowego)

EVOH zapewnia bardzo wysoką barierę dla gazów, szczególnie tlenu i dlatego stosowany jest głównie w foliach wielowarstwowych do pakowania żywności. Ze względu na dużą wrażliwość na wilgoć warstwa EVOH musi być chroniona warstwami zewnętrznymi, co pomaga ograniczyć utratę właściwości barierowych. Zastosowanie EVOH pozwala znacząco wydłużyć trwałość produktów pakowanych w folię.

1.3.8 EVA (kopolimer etylenu i octanu winylu)

EVA poprawia elastyczność folii, kleistość, zgrzewalność oraz właściwości optyczne.

Przykładowe zastosowania EVA:

- folie typu stretch hood,
- folie termokurczliwe,
- opakowania spożywcze i specjalistyczne folie przemysłowe.

Poznanie tych podstawowych informacji pozwoli Ci na skuteczny dobór odpowiedniego surowca i uzyskanie produktu o optymalnych właściwościach końcowych. W razie potrzeby szczegółowego omówienia jakiegokolwiek materiału, zachęcam Cię do skorzystania z **kursów online dostępnych w Rolbatch Academy**, gdzie szczegółowo omawiam konkretne zastosowania oraz technologię przetwarzania każdego z wymienionych tworzyw.

1.3.9 Wskaźnik płynięcia (MFI) - dlaczego jest ważny?

Dobierając odpowiedni polietylen do produkcji folii, musisz zwrócić uwagę na jeszcze jeden ważny parametr technologiczny: wskaźnik płynięcia surowca, MFI (Melt Flow Index). MFI określa, jak łatwo tworzywo płynie po uplastycznieniu w wytłaczarce. Parametr ten wpływa na stabilność procesu, jakość folii oraz możliwość uzyskania określonej grubości i przejrzystości. Im wyższa wartość MFI, tym tworzywo jest bardziej płynne i łatwiejsze w przetwarzaniu, ale jednocześnie folia może być mniej wytrzymała mechanicznie i bardziej podatna na deformacje.

Najczęściej stosowane wartości MFI do produkcji folii wynoszą od 0,5 do 4,0 g/10 min:

- **Niższe MFI (np. 0,5-1,5)** - tworzywo trudniej się uplastycznia, a folia jest bardziej wytrzymała mechanicznie; sprawdza się przy produkcji grubszych, sztywniejszych folii.
- **Wyższe MFI (np. 2,0-4,0)** - tworzywo łatwiej się przetwarza, umożliwia produkcję cienkich warstw i zapewnia dobrą przejrzystość, ale folia jest mniej odporna na uszkodzenia mechaniczne.

W praktyce przemysłowej prawidłowe określenie MFI wymaga stosowania plastometrów zgodnych z normą ISO 1133. W ofercie Rolbatch dostępne są zarówno **plastometry do badania wskaźników płynięcia MFR (masowego wskaźnika płynięcia) i MVR (objętościowego wskaźnika płynięcia), potocznie określanych jako badanie MFI**, jak i szkolenia dotyczące ich prawidłowej obsługi, interpretacji wyników, norm ISO oraz kontroli jakości surowców w laboratorium produkcyjnym.

Plastometr Rolbatch do badania MFI (MFR i MVR) – laboratorium Rolbatch w Eberswalde w Niemczech – Dr Magdalena Laabs

Badania laboratoryjne surowców (wilgotność, gęstość, MFI) – na urządzeniach Rolbatch - Bydgoszcz Polska

1.3.10 Jak dobrać właściwy surowiec?

Przy doborze rodzaju polietylenu warto kierować się następującymi zasadami:

- Jeśli potrzebujesz dobrej przezroczystości i łatwego przetwarzania - wybierz LDPE.
- Jeśli Twoja folia musi mieć wysoką odporność na przebicia i dobrą rozciągliwość - wybierz LLDPE.
- Jeśli folia ma być sztywniejsza, bardziej odporna na uszkodzenia mechaniczne, z nieco większą stabilnością - rozważ MDPE.

Często stosuje się mieszanki tych tworzyw (np. LDPE + LLDPE), by połączyć ich najlepsze cechy w jednej folii.

Wybierając surowiec, zawsze bierz pod uwagę parametry techniczne swojej linii do wytłaczania, oczekiwaną jakość produktu oraz warunki jego użytkowania. Dobrze dobrany polietylen pozwoli Ci uniknąć wielu problemów produkcyjnych oraz uzyskać folię o stabilnych i powtarzalnych parametrach.

Problemy związane z poszczególnymi typami surowców oraz dobór dodatków i mieszanek mają istotny wpływ na stabilność procesu i właściwości końcowe folii.

Linia do rozdmuchu wielowarstwowych folii termokurczliwych
Jinming Chiny

ROZDZIAŁ 2

PROBLEMY JAKOŚCIOWE W PRODUKCJI FOLII METODĄ ROZDMUCHU - DIAGNOZA, KOREKTY I ZAPOBIEGANIE

W codziennej produkcji folii metodą rozdmuchu najczęściej wracają te same grupy problemów jakościowych: nierównomierna grubość, defekty powierzchni, smugi, przebarwienia i sklejanie się warstw folii, które generują straty, przestoje i reklamacje w zakładach produkcyjnych.

Dotyczy to również folii termokurczliwych, które mogą być produkowane metodą rozdmuchu i które są szczególnie wrażliwe na stabilność grubości, jednorodność chłodzenia, właściwą orientację oraz powtarzalność parametrów procesu. W ich przypadku problemy jakościowe, takie jak nierównomierna grubość, smugi, niestabilna powierzchnia czy zaburzenia kurczliwości, mogą bardzo szybko ujawnić się podczas dalszego pakowania, obkurczania lub konfekcjonowania.

Najczęstsze problemy jakościowe w produkcji folii metodą rozdmuchu wynikają z konkretnych zaburzeń procesu i wymagają świadomej diagnozy oraz odpowiednio dobranych działań korygujących i zapobiegawczych.

2.1. Nierównomierna grubość folii - diagnoza, korekty i strategie zapobiegania

Jednym z najczęściej występujących problemów jakościowych w produkcji folii metodą rozdmuchu jest nierównomierna grubość na całej szerokości rękawa foliowego. Nawet minimalne różnice w grubości mogą mieć bardzo istotny wpływ na właściwości użytkowe gotowego produktu - jego wytrzymałość mechaniczną, estetykę, a także możliwość dalszego przetwarzania (na przykład zgrzewania, drukowania czy konfekcjonowania).

Szczególnie w branży opakowaniowej i spożywczej jednorodna grubość folii jest niezwykle istotna, ponieważ bezpośrednio przekłada się na końcową jakość opakowania oraz satysfakcję klienta końcowego. Jeżeli grubość folii jest nierównomierna, możesz być pewien, że wcześniej czy później pojawią się reklamacje, problemy produkcyjne lub konieczność zatrzymywania produkcji, by skorygować błędy.

2.1.1 Jak rozpoznać problem nierównomiernej grubości folii?

Pierwszym widocznym sygnałem tego problemu są charakterystyczne pasma lub obszary o zauważalnie mniejszej lub większej grubości na przekroju rękawa foliowego. Najczęściej już podczas produkcji zauważysz falowanie rękawa lub pojawienie się wyraźnie widocznych nierównych pasm grubości. Jeśli jednak wada nie zostanie wykryta bezpośrednio na etapie wytłaczania, szybko stanie się widoczna podczas nawijania folii na rolki - rolka jest wtedy nierówna, ma niestabilne naprężenie, a podczas dalszej obróbki (np. druku, laminowania czy zgrzewania) powoduje poważne komplikacje technologiczne i jakościowe.

W praktyce oznacza to obniżenie powtarzalności produkcji oraz zwiększone ryzyko odrzutów na kolejnych etapach przetwarzania.

Pamiętaj, że im szybciej zauważysz ten problem, tym szybciej możesz zastosować odpowiednie korekty, uniknąć kosztownych reklamacji oraz strat materiałowych, które są poważnym obciążeniem dla Twojego zakładu.

2.1.2 Główne przyczyny nierównomiernej grubości folii:

1. **Nieprawidłowe ustawienie głowicy wytłaczarskiej (ustnika)**
   Nieprawidłowe ustawienie szczeliny głowicy wytłaczarskiej (ustnika) prowadzi do miejscowych różnic w grubości strugi stopionego tworzywa.
2. **Niestabilne chłodzenie balonu foliowego**
   Niejednorodne chłodzenie balonu folii, wynikające z nierównomiernego nadmuchu powietrza, powoduje, że folia zastyga w sposób niejednolity. W efekcie powstają charakterystyczne pionowe pasy lub obszary o różnej grubości, które wyraźnie obniżają jakość gotowej folii.
3. **Źle dobrane parametry procesu wytłaczania folii**
   Zbyt wysoka lub za niska temperatura tworzywa, niestabilne ciśnienie stopu czy nierównomierna praca ślimaka wytłaczarki powodują nieregularności w przepływie tworzywa. Takie pulsacje

bezpośrednio przekładają się na nierównomierną grubość folii.

4. **Problemy z surowcem**
   Stosowanie niejednorodnego lub nieodpowiednio dobranego granulatu, zwłaszcza w przypadku regranulatów, często prowadzi do niejednolitego uplastycznienia tworzywa. Efektem tego są widoczne zmiany grubości i niestabilność procesu produkcji folii.

Zalecam regularną kalibrację i kontrolę szczeliny ustnika, wykorzystując do tego odpowiednie narzędzia, takie jak śruby regulacyjne oraz pierścienie centrujące. Polecam, aby operatorzy oraz technolodzy regularnie sprawdzali poprawność ustawienia głowicy, co pozwoli uniknąć kosztownych błędów jakościowych i materiałowych na produkcji.

2.1.3 Rozwiązanie problemu nierównomiernej grubości folii

Precyzyjna regulacja głowicy wytłaczarskiej (ustnika)

Pierwszym krokiem jest dokładne sprawdzenie i regulacja ustawienia ustnika głowicy. Regularna kalibracja szczeliny z użyciem odpowiednich narzędzi (śrub regulacyjnych oraz pierścieni centrujących) pomaga uzyskać bardziej jednorodny wypływ stopu tworzywa. Zachęcam operatorów i technologów do systematycznych kontroli szczeliny, aby uniknąć kosztownych problemów produkcyjnych.

Optymalizacja chłodzenia folii

Często nierównomierne chłodzenie wynika z zanieczyszczenia lub złego ustawienia pierścienia chłodzącego. Warto regularnie sprawdzać jego czystość oraz upewnić się, że parametry nadmuchu powietrza są równomiernie ustawione wokół całego obwodu rękawa. Z mojego doświadczenia wynika, że systemy chłodzenia z możliwością precyzyjnej regulacji nawiewu znacząco poprawiają jednorodność grubości folii.

Stabilizacja parametrów wytłaczania

Temperatura i ciśnienie stopu tworzywa w cylindrze wytłaczarki powinny być zawsze stabilne. Zalecam stosowanie systemów monitorowania temperatury i ciśnienia, które umożliwiają szybką reakcję na każdą nieprawidłowość. Stabilne parametry wytłaczania umożliwiają utrzymanie jednorodnej grubości folii.

Regularna kontrola jakości surowca

Dla zapewnienia stałej jakości Twoich produktów kluczowe jest stosowanie granulatu o stabilnych parametrach. Szczególnie przy używaniu regranulatu polecam jego precyzyjne mieszanie z granulatem pierwotnym, aby uniknąć lokalnych niejednorodności. Systematyczne testowanie wskaźnika płynięcia surowca, MFI (Melt Flow Index), pozwoli Ci mieć pewność, że stosowane tworzywo spełnia wszelkie wymagania technologiczne.

2.1.4 Jak skutecznie zapobiegać problemom z grubością folii?

- **Regularnie konserwuj głowicę wytłaczarską i kontroluj stan ustnika.** Czyść kanały przepływu tworzywa i kontroluj ustawienie szczeliny ustnika. Systematyczna konserwacja minimalizuje ryzyko lokalnych różnic grubości folii.
- **Kontroluj proces chłodzenia balonu folii**. Sprawdzaj stan pierścienia chłodzącego i równomierność nawiewu. Precyzyjna regulacja parametrów chłodzenia ma bezpośredni wpływ na jednorodność grubości folii.
- **Regularnie szkol operatorów, technologów i kadrę nadzorującą**. Utrzymanie aktualnej wiedzy technicznej pozwala szybciej identyfikować pierwsze oznaki niestabilności procesu, co ułatwia wprowadzenie korekt.
- **Monitoruj jakość stosowanych surowców.** Wprowadź rutynowe procedury kontroli jakości granulatu i korzystaj z materiałów o potwierdzonych parametrach. Stabilny surowiec ogranicza ryzyko zmian grubości folii podczas produkcji.
- **Korzystaj z materiałów szkoleniowych i programów doskonalenia dostępnych online.** W Rolbatch Academy dostępne są szkolenia dotyczące technologii rozdmuchu folii, kontroli jakości oraz szkolenia dedykowane, które można dostosować do konkretnej linii technologicznej, surowców lub typowych problemów produkcyjnych. Szczegóły znajdziesz na stronie Rolbatch Academy
- **Dokumentuj przebieg procesu.** Zdjęcia i krótkie nagrania ułatwiają analizę usterek oraz wspierają szkolenie nowych operatorów.

2.1.5 Jakich typowych błędów unikać na produkcji?

Zbyt późna reakcja na pierwsze oznaki nierównomiernej grubości

Zdarza się, że operatorzy reagują dopiero wtedy, gdy problem widać na gotowych rolkach folii. Zaś pierwsze sygnały problemów (takie jak delikatne falowanie lub nierównomierny naciąg folii) są zazwyczaj widoczne dużo wcześniej. Dlatego zawsze polecam reagować natychmiast, gdy zauważysz nawet minimalne odchylenia od normy.

Dodatkowo warto pamiętać, że szybka reakcja pozwala ograniczyć wielkość wadliwej partii i uniknąć potrzeby późniejszego zatrzymania linii w celu korekty ustawień.

Brak kalibracji głowicy przy przezbrojeniach

Wielu operatorów liczy na to, że po zmianie surowca, parametrów lub ustawień linia sama osiągnie stabilność produkcji. W praktyce jednak każda zmiana materiału, receptury czy ustawień linii powinna się wiązać z kontrolą i ewentualną regulacją szczeliny ustnika głowicy. To prosta procedura, która oszczędzi Ci wielu późniejszych problemów.

Wprowadzenie rutyny sprawdzania szczeliny przy każdym przezbrojeniu znacząco zmniejsza liczbę reklamacji i poprawia stabilność grubości folii w pierwszych minutach pracy po zmianie ustawień.

Ignorowanie regularnych przeglądów pierścienia chłodzącego

Zabrudzone lub niesprawne elementy chłodzenia folii to bardzo częsta przyczyna problemów z grubością. Regularne czyszczenie pierścienia chłodzącego oraz jego przegląd powinny być standardową rutyną w Twoim zakładzie. Dzięki temu unikniesz niepotrzebnych przestojów i reklamacji.

Nawet niewielkie zabrudzenia dysz nawiewowych mogą prowadzić do lokalnych różnic chłodzenia, a tym samym do wyraźnych różnic grubości folii w przekroju.

2.2 Problemy z powierzchnią folii - efekt „skórki pomarańczy": diagnoza, korekty, zapobieganie

Jakość powierzchni folii jest jednym z kluczowych parametrów decydujących o zadowoleniu klientów oraz o przydatności folii do dalszego przetwórstwa, zwłaszcza do drukowania, laminowania czy pakowania produktów spożywczych, farmaceutycznych i chemicznych. Jednym z typowych problemów związanych z powierzchnią folii wytwarzanych metodą rozdmuchu jest tzw. efekt „skórki pomarańczy" (ang. orange peel) - określenie powszechnie używane w anglojęzycznej praktyce branżowej jako nazwa charakterystycznego defektu powierzchni folii, odnosząca się do jej wyglądu, a nie do mechanizmu uszkodzenia materiału. Jest to wada przejawiająca się nierównomierną, ziarnistą, lekko chropowatą fakturą powierzchni, przypominającą strukturę skórki pomarańczy. W tym podrozdziale omówione zostały przyczyny powstawania tej wady, sposoby jej diagnozowania, praktyczne metody korekty oraz strategie zapobiegania jej występowaniu.

2.2.1 Jak rozpoznać efekt „skórki pomarańczy"?

Powierzchnia folii z tym defektem traci gładkość i błyszczący wygląd. W zależności od stopnia nasilenia efekt może być widoczny jako delikatne matowienie powierzchni lub jako wyraźna, wyczuwalna pod palcami nierówność. Wadę tę zazwyczaj można zauważyć już podczas produkcji, bez konieczności wykonywania specjalnych pomiarów, szczególnie przy obserwacji folii pod światło. W konsekwencji obniża ona jakość wizualną folii, utrudnia dalsze przetwarzanie, pogarsza efekt nadruku i może powodować problemy podczas zgrzewania opakowań. *Efekt skórki pomarańczy* nie ma postaci regularnych zmarszczek i nie powinien być mylony z defektem typu *sharkskin*, który objawia się drobnymi, kierunkowymi prążkami powierzchniowymi.

2.2.2 Główne przyczyny powstawania „skórki pomarańczy"

Aby skutecznie rozwiązać problem nierównej powierzchni, trzeba dokładnie poznać jego przyczyny. Najczęstsze źródła tej wady są następujące:

- **Nieodpowiednia temperatura uplastyczniania tworzywa**
  Zbyt wysoka lub zbyt niska temperatura wytłaczania prowadzi do zaburzeń reologicznych stopionego tworzywa - powodując nierównomierne wypływanie masy polimerowej przez głowicę. Tworzywo, które

nie zostało odpowiednio uplastycznione, może wykazywać problemy z równomiernym rozciąganiem się i wygładzaniem na powierzchni rękawa foliowego.

- **Nieprawidłowe chłodzenie balonu folii**
  Błędne ustawienie lub nierównomierny nadmuch powietrza chłodzącego jest jedną z najczęstszych przyczyn tego defektu. Gdy folia jest chłodzona zbyt szybko lub w sposób nierównomierny, jej powierzchnia zaczyna się nierównomiernie zestalać, tworząc charakterystyczną fakturę.
- **Niedostosowanie szybkości rozdmuchu balonu do możliwości materiału.** Zbyt szybkie lub gwałtowne rozciąganie tworzywa przy rozdmuchu prowadzi do pojawienia się mikronaprężeń powierzchniowych i powstawania efektu „skórki pomarańczy".
- **Zła jakość surowca (w tym regranulatu).** Niejednorodny granulat, zbyt duża ilość zanieczyszczeń lub dodatków w mieszance może powodować problemy z jednolitą powierzchnią folii. Zwłaszcza przy stosowaniu regranulatów niskiej jakości, które mogą zawierać wtrącenia niejednorodnego materiału, pojawia się ten problem.

2.2.3 Jak skutecznie diagnozować problem?

Diagnoza powinna rozpoczynać się od dokładnego sprawdzenia następujących elementów:

- Ocena wizualna powierzchni folii (pod światło lub specjalnym reflektorem),
- Analiza ustawień parametrów procesowych (szczególnie temperatury, chłodzenia i prędkości produkcji),

- Badanie jakości surowca - czy materiał jest jednorodny, dobrze wymieszany, bez zanieczyszczeń.

2.2.4 Korekty procesu produkcyjnego

Korekta temperatury wytłaczania:

Jeśli powierzchnia folii wykazuje oznaki „skórki pomarańczy", warto sprawdzić i ustabilizować profil temperaturowy wytłaczarki. Optymalna temperatura pozwala uzyskać jednorodnie stopiony materiał, który równomiernie formuje się w balon foliowy.

Optymalizacja chłodzenia balonu:

Poprawnie ustawiony pierścień chłodzący jest kluczowy. Ważne jest, aby chłodzenie folii przebiegało stopniowo i równomiernie. Jeśli chłodzenie jest zbyt intensywne lub nierównomierne, konieczne jest ograniczenie przepływu powietrza, regulacja ustawień pierścienia chłodzącego lub wymiana dysz nawiewowych na bardziej precyzyjne.

Regulacja szybkości rozdmuchu balonu:

Dostosowanie prędkości linii produkcyjnej i tempa rozciągania folii pomaga uzyskać gładką powierzchnię. Nie należy przesadzać z szybkim rozciąganiem folii, gdyż może to prowadzić do powstawania naprężeń powierzchniowych.

Poprawa jakości i jednorodności surowca:

Szczególnie ważne przy używaniu regranulatów jest dbanie o ich odpowiednią jakość. Dokładniejsze mieszanie, stosowanie odpowiednich dodatków stabilizujących oraz lepsza filtracja stopu to podstawowe działania pomagające uniknąć defektu powierzchni.

2.2.5 Strategie zapobiegania efektowi „skórki pomarańczy"

- **Regularna kontrola parametrów procesu produkcyjnego** (temperatura, chłodzenie, prędkość rozdmuchu),
- **Stała dbałość o jakość używanych granulatów** (pierwotnych i wtórnych),
- **Wdrożenie planu regularnych przeglądów oraz konserwacji urządzeń chłodzących i głowic wytłaczarskich,**
- **Szkolenia operatorów dotyczące rozpoznawania pierwszych objawów problemów** z powierzchnią oraz szybkiego reagowania na ich pojawienie się.

2.2.6 Typowe błędy operatorów i technologów (i jak ich unikać):

- **Zbyt szybkie zwiększanie prędkości linii do rozdmuchu bez dostosowania chłodzenia:**

  Operatorzy chcąc zwiększyć wydajność linii produkcyjnej, często przyspieszają proces rozdmuchu balonu bez odpowiedniego zwiększenia intensywności chłodzenia. Prowadzi to do powstawania naprężeń i nierównej powierzchni.

  Jak tego uniknąć: każda zmiana prędkości produkcji musi być poprzedzona dopasowaniem ustawień chłodzenia, a proces powinien być monitorowany wizualnie przez operatora.

- **Brak regularnych kontroli temperatury głowicy wytłaczarskiej:**

  Nawet doświadczeni operatorzy zakładają niekiedy, że ustawienia temperatury są zawsze stabilne. W rzeczywistości nawet drobne wahania temperatury mogą mieć poważny wpływ na powierzchnię folii.

  Jak tego uniknąć: wprowadzić obowiązkowe, regularne kontrole ustawień temperaturowych głowicy oraz cylindra wytłaczarki, nawet jeśli proces wygląda **stabilnie.**

- **Ignorowanie problemów jakościowych z surowcem:**

  Mniej doświadczeni operatorzy maszyn często bagatelizują zjawisko niejednorodności granulatów, uznając, że wtrącenia czy drobne zanieczyszczenia nie wpłyną istotnie na jakość powierzchni folii.

  Jak tego uniknąć: stosowanie surowców tylko od sprawdzonych dostawców, regularne prowadzenie testów jakościowych granulatu oraz wdrożenie systemu filtracji i kontroli na etapie przygotowania surowca.

2.2.7 Podsumowanie

Skuteczne rozwiązanie problemu „skórki pomarańczy" polega na stałym monitorowaniu procesu produkcyjnego i jakości surowców oraz szybkim wdrażaniu korekt na podstawie bieżących obserwacji. Operatorzy, technolodzy i kadra zarządzająca muszą współpracować w zakresie diagnozowania przyczyn, szybkiego wprowadzania odpowiednich korekt i profilaktyki produkcyjnej, co pozwala utrzymać wysoką jakość folii oraz ograniczyć ryzyko reklamacji.

2.3 Smugi, przebarwienia i niejednolity kolor folii - diagnoza, korekty, zapobieganie

Estetyka i jednorodność kolorystyczna są jednymi z kluczowych cech jakościowych folii produkowanych metodą rozdmuchu. Smugi, przebarwienia lub niejednolity kolor folii mogą znacząco obniżyć wartość użytkową produktu, zwłaszcza gdy folia ma zastosowanie w przemyśle spożywczym, farmaceutycznym, kosmetycznym, a także wszędzie tam, gdzie istotny jest atrakcyjny wygląd opakowania lub jego jednorodny nadruk.

Smugi i przebarwienia wynikają z zaburzeń procesu oraz niejednorodności surowca i wymagają precyzyjnej diagnozy oraz odpowiednio dobranych działań korygujących.

2.3.1 Jak rozpoznać problem smug i przebarwień?

Smugi i przebarwienia objawiają się jako widoczne gołym okiem pasma, plamy lub nierównomiernie rozłożony kolor na powierzchni folii. W zależności od stopnia nasilenia problem może przybrać postać delikatnych smug lub bardziej intensywnych przebarwień w kształcie nieregularnych pasów. Problem ten jest szczególnie widoczny pod światło i przy wydrukach, gdzie wyraźnie widać różnice kolorystyczne lub niejednorodność powierzchni.

2.3.2 Główne przyczyny powstawania smug i przebarwień na folii

Rozpoznanie dokładnej przyczyny powstawania smug i przebarwień jest podstawą do skutecznego rozwiązania problemu.

Najczęstsze przyczyny obejmują:

1. Niedokładne wymieszanie surowca i barwników

Słabe wymieszanie granulatu z dodatkami barwiącymi prowadzi do lokalnych niejednorodności kolorystycznych. Szczególnie często ma to miejsce podczas stosowania koncentratów barwiących (masterbatch) lub barwników pigmentowych, które wymagają dokładnego wymieszania przed procesem produkcji.

2. Niewłaściwa temperatura uplastyczniania tworzywa

Zbyt wysoka temperatura przetwarzania może powodować degradację termiczną pigmentów lub dodatków, co skutkuje ich nierównomiernym rozłożeniem i pojawieniem się przebarwień.

Z kolei zbyt niska temperatura może prowadzić do niedostatecznego rozprowadzenia koncentratu barwiącego w stopie tworzywa.

3. Zanieczyszczenia w układzie wytłaczania

Pozostałości starego materiału, przypalenia lub niewyczyszczone elementy wytłaczarki lub głowicy mogą powodować nierównomierne wypływanie materiału, co objawia się jako wyraźne smugi lub ciemniejsze plamy.

4. Nierównomierne chłodzenie folii

Podobnie jak w przypadku efektu „skórki pomarańczy", niejednorodne chłodzenie może prowadzić do lokalnych zmian krystalizacji tworzywa, co wpływa na wizualne właściwości folii i powoduje smugi na powierzchni.

2.3.3 Diagnoza problemów związanych ze smugami i przebarwieniami

Szczegółowa diagnoza powinna obejmować:

- **Analizę wizualną**: ocena folii pod kątem rodzaju i charakteru przebarwień (barwa, intensywność smug, obszary ich występowania).
- **Sprawdzenie parametrów wytłaczania:** dokładny przegląd temperatury stopu, ciśnienia, ustawień prędkości pracy ślimaka.
- **Kontrolę surowca i mieszanek barwiących:** sprawdzenie sposobu mieszania barwników, stanu granulatu i jego czystości.
- **Przegląd i kontrola głowicy wytłaczarskiej oraz układu uplastyczniającego** pod kątem ewentualnych zanieczyszczeń, przypaleń lub pozostałości materiału.

2.3.4 Korekty procesu produkcyjnego

Optymalizacja mieszania barwników z granulatem

Aby uzyskać jednorodne rozłożenie koloru, należy stosować dobrej jakości urządzenia mieszające oraz właściwy czas mieszania koncentratów barwiących z granulatem przed rozpoczęciem produkcji. Dobór odpowiedniej dawki barwnika oraz właściwa procedura mieszania pomagają uzyskać stabilny i jednorodny kolor folii.

Stabilizacja temperatury wytłaczania

Dokładne dopasowanie temperatury w strefach cylindra wytłaczarki i głowicy minimalizuje ryzyko degradacji termicznej pigmentów. Regularna kontrola temperatury oraz precyzyjne ustawienie profilu grzania pomagają zachować optymalne warunki dla równomiernego rozprowadzania barwnika.

Czyszczenie i konserwacja układu wytłaczania

Regularne czyszczenie głowicy, układu filtracji i zmieniacza sit (screen changer) oraz elementów uplastyczniających pozwala uniknąć problemów z przypalonymi resztkami tworzywa lub barwnika. Warto wprowadzić harmonogram przeglądów i czyszczenia układu uplastyczniania oraz głowicy po każdej zmianie koloru lub rodzaju surowca.

Ustabilizowanie procesu chłodzenia folii

Regularne przeglądy i czyszczenie pierścienia chłodzącego oraz stosowanie odpowiednio dobranych parametrów chłodzenia (siła i kierunek nawiewu) pozwalają uniknąć miejscowego nierównomiernego krystalizowania folii i powstawania smug.

2.3.5 Strategie zapobiegania smugom i przebarwieniom

- **Regularne szkolenie operatorów i technologów** w zakresie mieszania surowców i koncentratów barwiących, ustawiania temperatury procesu oraz prawidłowego chłodzenia folii.
- **Wprowadzenie obowiązkowych procedur czyszczenia układu uplastyczniającego** po każdej zmianie koloru, surowca lub po dłuższych przestojach maszyny.
- **Stosowanie sprawdzonych dostawców granulatów i barwników** - materiał o stabilnej jakości pozwala uniknąć wielu problemów związanych z pigmentacją folii.
- **Regularny monitoring parametrów procesu produkcyjnego (temperatury, ciśnienia i chłodzenia)**, w celu wczesnego wykrywania odchyleń i szybkiego wprowadzania korekt.

2.3.6 Typowe błędy operatorów i technologów - jak ich unikać?

Zbyt krótkie mieszanie koncentratów barwiących

Często operatorzy skracają czas mieszania, aby przyspieszyć uruchomienie produkcji. Skutkuje to nierównomiernym kolorem folii.

Rozwiązanie: Ustanowienie minimalnego czasu mieszania, który musi być bezwzględnie przestrzegany niezależnie od presji czasowej lub trybu pracy linii.

Bagatelizowanie czystości układu uplastyczniania

Operatorzy czasem ignorują czyszczenie głowicy i zmieniacza sit (screen changer) po zmianach produkcyjnych. Powoduje to pojawianie się przypaleń i smug.

Rozwiązanie: przestrzeganie procedur czyszczenia i regularnych przeglądów technicznych.

Ignorowanie alarmów temperaturowych na wytłaczarce

Nawet operatorzy z dużym doświadczeniem czasem ignorują sygnały alarmowe o niestabilności temperatury, zakładając, że nieznaczne odchylenia nie mają znaczenia. Tymczasem to właśnie wahania temperatury mogą być czasami główną przyczyną przebarwień.

Rozwiązanie: Każdy alarm temperaturowy powinien być traktowany priorytetowo i natychmiast weryfikowany przez technologa lub kierownika zmiany.

2.3.7 Podsumowanie

Smugi, przebarwienia i niejednolity kolor folii są problemami możliwymi do uniknięcia dzięki regularnej kontroli parametrów procesu, stosowaniu dobrej jakości materiałów oraz utrzymywaniu w czystości układu produkcyjnego. Wdrożenie opisanych strategii i metod korekcyjnych pomaga utrzymać stabilną jakość powierzchni folii, ograniczyć ryzyko reklamacji oraz usprawnić komunikację pomiędzy operatorami, technologami i osobami odpowiedzialnymi za produkcję.

2.4. Klejenie się warstw folii - przyczyny, diagnoza, korekty i skuteczne rozwiązania technologiczne (antyblokery, EVA)

Zjawisko klejenia się (blokowania) warstw folii jest jednym z najbardziej irytujących i kosztownych problemów jakościowych występujących w procesie wytłaczania folii metodą rozdmuchu. Sklejanie się kolejnych warstw folii na rolkach znacząco utrudnia lub całkowicie uniemożliwia ich późniejsze rozwijanie oraz dalszą obróbkę technologiczną. Jest to problem szczególnie istotny w produkcji opakowań, worków foliowych oraz wszelkiego rodzaju folii przeznaczonych do automatycznego pakowania, gdzie nawet niewielkie sklejenia mogą skutkować poważnymi komplikacjami technologicznymi, zwiększeniem ilości odpadu oraz obniżeniem produktywności całej linii produkcyjnej.

W tym podrozdziale omówione zostały przyczyny sklejania się warstw folii, sposoby identyfikacji tego zjawiska, metody korekty parametrów procesu produkcyjnego oraz rozwiązania zapobiegawcze, obejmujące zastosowanie dodatków funkcjonalnych, takich jak antyblokery oraz EVA.

2.4.1 Jak rozpoznać zjawisko blokowania folii?

Klejenie się warstw folii można łatwo rozpoznać już na etapie nawijania rolki lub przy jej rozwijaniu podczas dalszych etapów produkcyjnych. Problem objawia się tym, że kolejne warstwy folii na rolce przywierają do siebie, wymagając dodatkowej siły podczas rozwijania. Efektem są deformacje, rozciągnięcia, uszkodzenia powierzchni lub nawet rozerwanie folii.

Nawet nieznaczne blokowanie folii utrudnia proces konfekcjonowania, obniża wydajność pakowania automatycznego oraz prowadzi do poważnych reklamacji jakościowych ze strony klientów końcowych.

2.4.2 Główne przyczyny blokowania folii:

1. **Zbyt wysoka temperatura nawijanej folii**
   Folia nawijana na rolkę w zbyt wysokiej temperaturze powoduje miejscowe sklejenie warstw na styku, gdyż materiał nie został wystarczająco schłodzony przed nawinięciem.
2. **Niewłaściwe chłodzenie balonu folii**
   Nieoptymalne chłodzenie podczas procesu rozdmuchu powoduje nadmierne nagrzanie folii, jej zmiękczenie i ryzyko sklejania kolejnych warstw.
3. **Zbyt duża gładkość powierzchni folii (brak dodatków antyblokujących)**
   Czysty, pierwotny polietylen LDPE lub LLDPE ma tendencję do przywierania warstw folii do siebie. Brak odpowiednich dodatków antyblokujących zwiększa ryzyko klejenia.
4. **Zmienna jakość lub zawilgocenie surowca**
   Zmienna jakość surowca, obecność zanieczyszczeń, niestabilny wskaźnik płynięcia lub zawilgocenie surowca mogą prowadzić do problemów z jednorodnym przetwarzaniem, a w konsekwencji do zmian powierzchni folii i większej tendencji do blokowania warstw.
5. **Niewłaściwy dobór dodatków (np. poślizgowych)**
   Niewłaściwe proporcje lub nieodpowiedni typ dodatków poślizgowych (slip agents) mogą prowa-

dzić do ich niejednorodnego rozłożenia, co skutkuje nierównomierną powierzchnią i sklejeniem warstw folii.

2.4.3 Diagnoza przyczyn sklejania się folii:

Aby skutecznie zdiagnozować problem, należy:

- **Dokonać wizualnej inspekcji rolki folii podczas nawijania i rozwijania**, oceniając miejsca, w których folia się skleja.
- **Sprawdzić temperaturę powierzchni folii przy nawijarce**, aby upewnić się, że jest ona prawidłowa.
- **Zweryfikować ustawienia chłodzenia** i parametry temperatury stopu tworzywa.
- **Wykonać badania laboratoryjne granulatu (wilgotność, wskaźnik płynięcia MFI)** przy użyciu odpowiednich urządzeń pomiarowych.

2.4.4 Korekty i praktyczne rozwiązania technologiczne:

1. Korekta temperatury nawijania folii

Dopilnuj, aby folia była wystarczająco schłodzona przed nawinięciem na rolkę. Ustawienie odpowiedniej odległości od pierścienia chłodzącego do miejsca spłaszczania rękawa folii znacząco obniży ryzyko sklejania się warstw.

2. Optymalizacja procesu chłodzenia balonu folii

Dokładnie ustaw parametry chłodzenia, dobierając intensywność nawiewu powietrza w pierścieniu chłodzącym. Stosowanie systemów wewnętrznego chłodzenia balonu (IBC) pozwala na precyzyjne zarządzanie temperaturą folii i eliminację problemów z blokowaniem.

3. Stosowanie dodatków antyblokujących (antyblokerów)

Dodawanie antybloków (krzemionki, ziemia okrzemkowa, talk) znacznie zmniejsza tendencję do klejenia się warstw. Dodatek antybloku powoduje powstawanie mikrochropowatej powierzchni, która ułatwia rozdzielenie warstw folii na rolce. Bardzo ważny jest odpowiedni dobór i dawkowanie antyblokera - zbyt mała ilość będzie nieskuteczna, zaś zbyt duża może prowadzić do matowienia powierzchni.

4. Dodawanie EVA (kopolimeru etylenu z octanem winylu)

Dodatek EVA poprawia elastyczność i własności powierzchniowe folii, może obniżyć temperaturę zgrzewania i ograniczyć tendencję do blokowania. Szczególnie w przypadku folii termokurczliwych i stretch hood, EVA jest dodatkiem poprawiającym zarówno właściwości użytkowe, jak i ułatwiającym dalsze przetwarzanie folii.

5. Regularne monitorowanie jakości granulatu

Regularne monitorowanie jakości granulatu - w szczególności kontrola zawartości wilgoci - pozwala szybko wykryć parametry surowca, które mogą wpływać na sklejanie się warstw folii. Test MFI warto wykonywać równolegle, aby ocenić stabilność lepkości stopu i utrzymać stabilne warunki wytłaczania.

2.4.5 Typowe błędy operatorów i technologów oraz jak ich unikać:

- **Zbyt późne reagowanie na wzrost temperatury folii nawijanej**

  Operatorzy często zakładają, że niewielki wzrost temperatury nie będzie istotny. W rzeczywistości nawet kilka stopni różnicy może znacząco zwiększyć ryzyko blokowania.

  Rozwiązanie: wprowadzenie stałego monitorowania temperatury folii przy nawijarce.

- **Brak regularnego stosowania dodatków antyblokujących**

  Technolodzy czasem rezygnują z dodatków antyblokujących w celu redukcji kosztów produkcji, co często kończy się zwiększoną ilością odpadów i problemami jakościowymi.

  Rozwiązanie: stosowanie regularnych procedur dozowania i monitoringu antyblokera w recepturach surowcowych.

- **Zaniedbywanie testów wilgotności i wskaźnika płynięcia MFI granulatu**

  Brak systematycznych testów prowadzi do używania granulatu o zmiennych parametrach, co negatywnie wpływa na proces produkcji.

  Rozwiązanie: regularne stosowanie wilgotnościomierzy i plastometrów w laboratorium kontroli jakości.

2.4.6 Podsumowanie

Sklejanie się warstw folii jest istotnym problemem jakościowym, który jednak można skutecznie wyeliminować dzięki prawidłowej kontroli parametrów procesu, stosowaniu odpowiednich dodatków (antyblokery, EVA) oraz regularnym badaniom parametrów surowca m.in. MFI. Dzięki wskazówkom odnoszącym się do rzeczywistych warunków produkcji technolodzy oraz kierownicy produkcji mogą skutecznie optymalizować proces produkcji, eliminując problemy związane z blokowaniem folii i osiągając stabilną, wysoką jakość produkcji

Fot. **Linia do rozdmuchu folii wielowarstwowych** (Jinming Chiny) – Dr Magdalena Laabs

ROZDZIAŁ 3

STABILNOŚĆ BALONU FOLII – PRAKTYCZNE ROZWIĄZANIA

Stabilność balonu folii, czyli kontrola równomiernego kształtu rozdmuchiwanego rękawa foliowego, jest jednym z kluczowych elementów wpływających na jakość produkcji metodą rozdmuchu. Nawet niewielkie odchylenia stabilności balonu prowadzą do istotnych problemów jakościowych, które przekładają się bezpośrednio na właściwości użytkowe gotowego wyrobu oraz efektywność całego procesu produkcji.

Każdy operator linii, technolog czy kierownik produkcji wie, że osiągnięcie i utrzymanie stabilności balonu folii nie zawsze jest proste. Przyczyną niestabilności mogą być czynniki procesowe, surowcowe, a także konstrukcyjne, dotyczące zarówno samej maszyny, jak i sposobu ustawienia parametrów produkcyjnych. W tym rozdziale szczegółowo zajmiemy się właśnie tym zagadnieniem. Poznasz kluczowe czynniki wpływające na stabilność balonu folii, praktyczne metody diagnozowania problemów z jego stabilnością oraz konkretne, sprawdzone w praktyce rozwiązania technologiczne. Dowiesz się także, jak skutecznie regulować parametry procesu, aby zapewnić stabilne warunki produkcji. W rozdziale omówię również typowe błędy popełniane przy ustawianiu procesu oraz sposoby ich ograniczania.

Ten rozdział zawiera praktyczne wskazówki oparte na doświadczeniach produkcyjnych zdobytych podczas uruchamiania i optymalizacji linii do wytłaczania folii. Dzięki temu łatwiej zidentyfikujesz ewentualne problemy na swojej linii, szybko je rozwiążesz i wdrożysz skuteczne strategie zapobiegania ich powstawaniu w przyszłości.

3.1. Co wpływa na stabilność balonu folii

Stabilność balonu folii jest jednym z najważniejszych parametrów decydujących o jakości całego procesu rozdmuchu. Nawet niewielkie odchylenia kształtu balonu natychmiast odbijają się na grubości folii, jej właściwościach mechanicznych, wyglądzie powierzchni oraz stabilności pracy linii.

Doświadczeni operatorzy wiedzą, że każdy element - od jakości powietrza, przez chłodzenie, po stan techniczny głowicy - może samodzielnie destabilizować balon, jeśli nie jest utrzymany w odpowiednich warunkach.

W praktyce przemysłowej stabilność balonu nie zależy nigdy od jednego parametru. To wynik równoczesnego działania wielu czynników procesowych, które muszą pozostawać pod kontrolą. Właśnie dlatego, zanim zaczniesz optymalizować ustawienia czy szukać przyczyn nieprawidłowości, musisz wiedzieć, które obszary mają realny wpływ na stabilność procesu i co w pierwszej kolejności należy zweryfikować.

3.1.1 Ciśnienie i jakość powietrza rozdmuchującego balon

Powietrze rozdmuchujące balon jest jednym z głównych elementów sterujących jego średnicą, kształtem i stabilnością. Każde wahanie ciśnienia przekłada się bezpośrednio na zachowanie balonu.

W efekcie możesz zaobserwować:

- pulsacje średnicy,
- falowanie rękawa folii,
- asymetryczne rozszerzanie balonu,
- nieregularną wysokość linii krzepnięcia (frost line),
- trudności z prowadzeniem balonu w koszu stabilizującym.

W praktyce przyczyną wahań ciśnienia są najczęściej:

- nieszczelności w przewodach, szybkozłączach lub zaworach,
- zanieczyszczenia w instalacji powietrznej,
- nieregularna praca dmuchawy,
- zbyt gwałtowne zmiany ustawień przepływu.

Powietrze musi być suche, czyste i stabilnie podawane, aby zapewnić przewidywalne warunki formowania balonu. Wahania jakości powietrza bardzo szybko prowadzą do zaburzeń stabilności.

3.1.2 Parametry chłodzenia balonu

Chłodzenie jest jednym z najważniejszych obszarów procesu. To ono decyduje o wysokości linii krzepnięcia (frost line), orientacji folii, stabilności grubości oraz zdolności balonu do zachowania geometrii. Nawet niewielka asymetria nawiewu powoduje:

- miejscowe różnice grubości,
- drgania i odkształcenia balonu,
- niestabilny przebieg chłodzenia,
- problemy z prowadzeniem folii w stabilizatorze.

Na równomierne chłodzenie wpływają:

- czysty i drożny pierścień chłodzący,
- równomierny nawiew powietrza wokół całego obwodu,
- właściwie ustawiona wysokość linii krzepnięcia,
- stabilność chłodzenia w czasie,
- odpowiednio ustawiona siła i kierunek nawiewu.

W praktyce każda **nieprawidłowość w chłodzeniu jest natychmiast widoczna na balonie**. Dlatego regularne czyszczenie pierścienia chłodzącego i kontrola nawiewu to podstawowe działania profilaktyczne.

3.1.3 Temperatura i lepkość stopu tworzywa

Równomierna temperatura stopu oraz stabilna lepkość są kluczowe dla utrzymania stałego wypływu z głowicy i równomiernego formowania balonu. Jeśli temperatura jest za niska, tworzywo staje się zbyt lepkie, a ciśnienie stopu zaczyna pulsować. Jeśli jest za wysoka - wypływ staje się niestabilny.

Typowe objawy niewłaściwych ustawień:

- drgania balonu,
- nieregularny przebieg linii krzepnięcia (frost line),
- zmiany średnicy balonu w kierunku MD (machine direction - kierunek wzdłużny) i CD (cross direction - kierunek poprzeczny)
- lokalne różnice grubości folii,
- falowanie lub „oddychanie" balonu (breathing bubble),
- niestabilna szerokość rękawa po złożeniu (ang. layflat),
- lokalne zgrubienia lub zwężenia wynikające z pulsacji stopu.

Najczęściej winne są:

- zużyte lub zabrudzone grzałki,
- błędnie skalibrowane czujniki temperatury,
- gwałtowne zmiany prędkości ślimaka,
- mieszanie tworzyw o różnych parametrach (np. LDPE + LLDPE o odmiennych MFI).

Stabilna temperatura stopu jest jednym z filarów stabilnego balonu folii.

3.1.4 Prędkość obrotowa ślimaka i stabilność uplastyczniania

Prędkość ślimaka wpływa bezpośrednio na:

- ciśnienie stopu,
- temperaturę tworzywa,
- dynamikę przepływu,
- stabilność wypływu z głowicy.

Nagłe zmiany obrotów najczęściej prowadzą do:

- pulsacji przepływu,
- falowania balonu,
- wahania linii krzepnięcia,
- zmian średnicy balonu.

W praktyce stabilność uzyskuje się poprzez powolne, kontrolowane korekty prędkości ślimaka oraz bieżące monitorowanie obciążenia i temperatur.

3.1.5 Geometria i stan techniczny głowicy wytłaczarskiej

Głowica wytłaczarska odpowiada za równomierny wypływ tworzywa. Jeżeli jej geometria, czystość lub regulacja są zaburzone, proces staje się niestabilny.

Najczęstsze źródła problemów:

- nierównomierna szczelina ustnika,
- zabrudzenia, przypalenia lub pozostałości tworzywa w kanałach,
- zużyte pierścienie centrujące,

- niewłaściwe ustawienie temperatur w strefach głowicy.

Objawy to:

- drgania balonu,
- asymetryczne rozdmuchanie,
- spiralne odchylenia balonu,
- lokalne zmiany grubości folii.

Regularna konserwacja głowicy, jej czyszczenie oraz kalibracja szczeliny są szczególnie ważne.

3.1.6 Jakość i stabilność surowców

Surowiec o niestabilnych parametrach zawsze generuje niestabilność balonu. W szczególności dotyczy to pracy z regranulatami.

Kluczowe parametry:

- wskaźnik płynięcia MFI,
- wilgotność granulatu,
- jednorodność mieszanki,
- brak zanieczyszczeń,
- odpowiednio dobrane dodatki (EVA, środki poślizgowe, antyblokery).

Różnice między partiami surowca są jedną z najczęstszych, a jednocześnie najtrudniejszych przyczyn niestabilności procesu.

3.1.7 Warunki środowiskowe w hali produkcyjnej

O stabilności procesu decyduje również przestrzeń, w której pracuje linia. W praktyce wiele zakładów pomija wpływ otoczenia, choć wystarczy:

- przeciąg,
- nagła zmiana temperatury w hali,
- wysoka wilgotność,
- drgania konstrukcji linii,
- nieprawidłowo ustawione nawiewy,

aby stabilność balonu pogorszyła się w ciągu kilku minut.

3.2 Regulacja ciśnienia i chłodzenia balonu

Regulacja ciśnienia i chłodzenia balonu folii należy do najważniejszych czynników decydujących o stabilności procesu rozdmuchu. W praktyce operatora właśnie te dwa obszary są najczęstszą przyczyną niestabilności balonu folii, a jednocześnie to one pozwalają najszybciej przywrócić prawidłowy przebieg produkcji.

Ciśnienie powietrza rozdmuchującego oraz równomierne chłodzenie balonu wpływają bezpośrednio na kształt rękawa, wysokość linii krzepnięcia, orientację folii oraz jej grubość w kierunku MD (Machine Direction — kierunek wzdłużny, zgodny z ruchem folii) i CD (Cross Direction — kierunek poprzeczny, prostopadły do ruchu folii).

W zakładach produkcyjnych różnice w ustawieniach tych parametrów często nie są od razu widoczne, jednak nawet niewielka zmiana może doprowadzić do drgań balonu, przesunięcia linii krzepnięcia, lokalnych różnic grubości, a w skrajnych przypadkach - do rozrywania balonu. Dlatego regulacja ciśnienia i chłodzenia powinna być prowadzona świadomie, etapowo i z pełną kontrolą pozostałych parametrów procesu. Poniżej opisano zasady, które w praktyce przemysłowej pozwalają skutecznie stabilizować balon folii.

3.2.1 Regulacja ciśnienia powietrza w balonie

Ciśnienie powietrza wewnątrz balonu determinuje jego średnicę oraz stabilność kształtu podczas produkcji. Niestabilne ciśnienie powoduje:

- pulsacje średnicy balonu,
- falowanie rękawa,
- nieregularne rozciągnięcie folii,
- zmienną wysokość linii krzepnięcia,
- trudności z utrzymaniem stabilizatora balonu.

Regulacja ciśnienia musi być prowadzona stopniowo, ponieważ zbyt szybka zmiana przepływu wprowadza niestabilność w całym układzie. W praktyce najczęściej kontroluje się:

- stałość ciśnienia powietrza,
- drożność przewodów i szybkozłączy,
- pracę dmuchawy,
- nieszczelności układu powietrza.

W przypadku instalacji z wewnętrznym chłodzeniem balonu (**IBC - Internal Bubble Cooling**), zmiany ciśnienia należy wykonywać jeszcze ostrożniej, ponieważ system reaguje z opóźnieniem, a gwałtowne korekty mogą prowadzić do oscylacji linii krzepnięcia.

Najważniejsze zasady regulacji ciśnienia:

- zwiększaj lub zmniejszaj ciśnienie małymi krokami,
- każdą zmianę obserwuj przez minimum kilka minut,
- kontroluj jednocześnie temperaturę i prędkość odciągu,
- eliminuj nieszczelności - nawet niewielkie wahania powodują niestabilność,
- utrzymuj zawsze czyste i suche powietrze procesowe.

3.2.2 Regulacja chłodzenia balonu folii

Chłodzenie jest równie ważne jak ciśnienie. Jego głównym zadaniem jest ustabilizowanie struktury folii w strefie krzepnięcia oraz zapewnienie równomiernego rozciągnięcia folii. W praktyce fabrycznej to właśnie nierównomierne chłodzenie jest jedną z najczęstszych przyczyn niestabilnego balonu.

Nawiew powietrza z pierścienia chłodzącego wpływa na:

- wysokość linii krzepnięcia,
- orientację folii,
- jednorodność grubości,
- stabilność prowadzenia balonu,
- zachowanie folii podczas dalszego rozciągania.

Nawet niewielkie zabrudzenia lub asymetria w nawiewie powodują lokalne różnice temperatury, co natychmiast widać po deformacji balonu. Drobna nierównowaga w chłodzeniu może spowodować spiralne odchylenie balonu, falowanie lub przesunięcie szerokości rękawa po złożeniu (ang. lay-flat).

Najważniejsze elementy regulacji chłodzenia:

- utrzymuj pierścień chłodzący w pełnej drożności i czystości,
- ustaw równomierny strumień powietrza na całym obwodzie balonu,
- kontroluj symetrię chłodzenia w kierunkach MD i CD,
- obserwuj stabilność linii krzepnięcia po każdej zmianie parametrów,
- reguluj siłę i kierunek nawiewu stopniowo,
- w instalacjach IBC monitoruj reakcję systemu z uwzględnieniem opóźnienia odpowiedzi.

3.2.3 Wpływ chłodzenia na linię krzepnięcia i orientację folii

Linia krzepnięcia (frost line) to wysokość, na której stop tworzywa przechodzi ze stanu półpłynnego do stałego. Jest to punkt krytyczny, który decyduje o większości właściwości folii: jej orientacji, grubości i stabilności wymiarowej. Jeżeli linia krzepnięcia jest niestabilna, cały proces staje się nieprzewidywalny.

W literaturze technicznej można spotkać dwa powiązane pojęcia: *freeze line* i *frost line*.

- ***Freeze line*** oznacza miejsce, w którym krystalizacja polimeru dopiero się zaczyna.
- ***Frost line***, czyli linia krzepnięcia, oznacza widoczną granicę, w której folia jest już zestalona, balon osiąga stałą średnicę i nie ulega dalszemu rozciąganiu.

W praktyce produkcyjnej oba terminy bywają używane zamiennie, jednak w tej książce jako termin główny stosuję „linia krzepnięcia (frost line)", ponieważ jest to najbardziej rozpoznawalny termin branżowy w wytłaczaniu folii metodą rozdmuchu. Niestabilna linia krzepnięcia prowadzi do zaburzeń w kierunku wzdłużnym **MD (*Machine Direction*)** i poprzecznym **CD (*Cross Direction*)** — w obu kierunkach folii.

Konkretnie objawia się to:

- powstawaniem pasów grubości,
- zaburzeniami orientacji MD i CD,
- drganiami i przesuwaniem balonu,
- deformacją folii na stabilizatorze,
- wahaniami grubości w kierunku poprzecznym.

Stabilizacja linii krzepnięcia odbywa się poprzez równoczesną regulację:

- przepływu powietrza z pierścienia chłodzącego,
- ciśnienia powietrza w balonie,
- temperatury stopu,
- prędkości odciągu.

W praktyce stabilizację osiąga się przez bardzo małe, ale konsekwentne korekty parametrów, wykonywane stopniowo i obserwowane przez kilka minut przed wprowadzeniem kolejnej zmiany.

3.2.4 Najczęstsze objawy źle ustawionego chłodzenia

Operator linii może szybko zauważyć nieprawidłowości, jeśli wie, czego szukać. Do najczęściej obserwowanych objawów należą:

- falowanie balonu w kierunku MD,
- asymetryczne poszerzanie się balonu,
- nadmierna zmienność linii krzepnięcia,
- spiralne przesuwanie rękawa,
- lokalne zwężenia lub poszerzenia folii,
- nieregularny kształt balonu pod stabilizatorem.

Wszystkie te objawy wskazują, że chłodzenie albo ciśnienie nie są zrównoważone.

Fot. Dr Magdalena Laabs: **utrwalone pofałdowanie i deformacja rękawa foliowego**

Widoczne na stronie poprzedniej **utrwalone pofałdowanie i deformacja rękawa foliowego** powstały wcześniej, w strefie rozdmuchu i chłodzenia. Tego typu wada wskazuje na niestabilne prowadzenie balonu folii, nierównomierne chłodzenie albo zaburzenia równowagi ciśnienia powietrza wewnątrz balonu.

Jeżeli balon folii nie jest stabilny, rękaw nie krzepnie równomiernie na całym obwodzie. W niektórych miejscach folia może zostać szybciej schłodzona i usztywniona, podczas gdy inne obszary przez krótki czas pozostają bardziej podatne na odkształcenia. Gdy taki rękaw przechodzi przez strefę stabilizacji, ramę składania i odciąg, wcześniejsze zaburzenia zostają utrwalone w postaci fałd, załamań oraz widocznych deformacji powierzchni.

Przy takiej wadzie trzeba wrócić do wcześniejszych etapów procesu i sprawdzić przede wszystkim stabilność balonu folii, równomierność nawiewu z pierścienia chłodzącego, wysokość i stabilność linii krzepnięcia, ciśnienie powietrza w balonie oraz prowadzenie rękawa przed złożeniem.

3.2.5 Dobre praktyki regulacji ciśnienia i chłodzenia

W praktyce zakładowej najskuteczniejsze okazują się proste, powtarzalne zasady.

Możesz stosować je jako listę kontrolną:

- wykonuj tylko małe korekty parametrów - duże zmiany mogą destabilizować,
- kontroluj jednocześnie kilka parametrów, nie tylko jeden,

- nie reguluj chłodzenia i ciśnienia w tym samym momencie,
- po każdej zmianie odczekaj, aż proces się ustabilizuje,
- obserwuj balon z dwóch stron - asymetrie widać inaczej z każdego kierunku,
- utrzymuj pierścień chłodzący i układ powietrza w pełnej drożności.

3.2.6 Podsumowanie

Regulacja ciśnienia i chłodzenia balonu to jeden z najbardziej wrażliwych obszarów produkcji folii metodą rozdmuchu. Właściwe prowadzenie tych parametrów umożliwia zachowanie stabilnej linii krzepnięcia, jednorodnej grubości folii i powtarzalnej szerokości rękawa po złożeniu (ang. lay-flat). Osiągniesz to tylko wtedy, gdy będziesz wprowadzać korekty świadomie, stopniowo i w oparciu o obserwację reakcji balonu na całej wysokości wieży.

3.3 Optymalizacja prędkości ślimaka

W pierwszej części rozdziału dowiedziałeś się, jakie czynniki wpływają na stabilność balonu oraz jak regulować ciśnienie i chłodzenie, aby utrzymać stabilny kształt rękawa foliowego. Kolejnym elementem, który musisz w pełni opanować, jest prędkość obrotowa ślimaka, ponieważ to właśnie ona decyduje o tym, jak zachowuje się stop w głowicy, jak kształtuje się linia krzepnięcia i czy balon pozostaje stabilny na całej wysokości wieży.

Optymalizacja prędkości ślimaka jest jednym z najbardziej niedocenianych, a jednocześnie najważniejszych obszarów procesu. W praktyce zakładowej to właśnie nagłe zmiany obrotów, brak równowagi między wydajnością wytłaczania, prędkością odciągu i współczynnikiem rozdmuchu (BUR - Blow-Up Ratio), a także niestabilna praca napędu powodują wiele problemów z drganiami balonu, wahaniami linii krzepnięcia, nieregularnością grubości i falowaniem folii.

3.3.1 Wpływ prędkości ślimaka na stabilność balonu

Prędkość obrotowa ślimaka wytłaczarki decyduje o:

- ciśnieniu stopu w głowicy,
- temperaturze i lepkości tworzywa,
- wydajności linii i prędkości odciągu,
- dynamice przepływu,
- stabilności linii krzepnięcia,
- stopniu orientacji folii.

Zwiększenie prędkości ślimaka wpływa równocześnie na temperaturę stopu oraz ciśnienie. Jeśli zmiana obrotów nastąpi zbyt szybko, proces reaguje natychmiast - balon zaczyna drgać, linia krzepnięcia przesuwa się gwałtownie w górę lub w dół, a grubość folii staje się niestabilna.

Zmniejszenie prędkości ślimaka również może destabilizować proces, zwłaszcza gdy odciąg i chłodzenie pozostają na poprzednich ustawieniach. Wtedy linia krzepnięcia zaczyna „pływać", a balon traci sztywność.

Najważniejsza zasada brzmi: każda zmiana prędkości ślimaka wpływa na cały proces, dlatego musi być prowadzona stopniowo i z pełną obserwacją zachowania balonu.

3.3.2 Typowe objawy niewłaściwej prędkości ślimaka

Jeśli prędkość ślimaka nie jest prawidłowo dobrana do BUR, ciśnienia powietrza i chłodzenia, zauważysz:

- drgania balonu w osi MD,
- nieregularne falowanie powierzchni folii,
- niejednolitą wysokość linii krzepnięcia,
- zmiany szerokości rękawa po złożeniu (ang. lay-flat),
- niestabilność prowadzenia folii przez stabilizator balonu,
- lokalne różnice grubości w kierunku poprzecznym.

Takie objawy świadczą o braku równowagi między prędkością uplastyczniania a możliwościami chłodzenia i rozciągania folii.

3.3.3 Zasady prawidłowej regulacji prędkości ślimaka

Aby zapewnić stabilność procesu, prędkość ślimaka reguluj tak, jak robią to doświadczeni technolodzy:

- zmieniaj prędkość małymi krokami - gwałtowne korekty destabilizują linię krzepnięcia,
- obserwuj reakcję balonu przez kilka minut po każdej zmianie,
- monitoruj jednocześnie temperaturę stopu i ciśnienie w głowicy,
- dostosowuj prędkość odciągu, aby utrzymać równowagę między rozciąganiem folii a szybkością uplastyczniania,

- nie zmieniaj jednocześnie prędkości ślimaka i chłodzenia,
- sprawdzaj obciążenie napędu, bo zbyt wysokie obciążenie oznacza ryzyko pulsacji.

Prawidłowa regulacja wymaga cierpliwości - to proces stopniowy. W instalacjach IBC (wewnętrzne chłodzenie balonu) system reaguje z opóźnieniem, dlatego zmiany obrotów muszą być jeszcze delikatniejsze.

3.3.4 Wpływ jakości surowca na stabilność pracy ślimaka

Nawet najlepiej dobrane parametry nie zapewnią stabilności procesu, jeśli surowiec jest niestabilny. Różnice między partiami LDPE, LLDPE lub mLLDPE o odmiennym MFI powodują zmiany lepkości stopu, które bezpośrednio wpływają na obciążenie ślimaka oraz ciśnienie na głowicy.

Do najczęstszych problemów należy:

- skokowa zmiana lepkości przy dodawaniu regranulatu,
- zbyt wysoka wilgotność surowca,
- zanieczyszczenia powodujące chwilowe cofanie się materiału (backflow),
- słabe wymieszanie surowców w mieszalniku.

Jeżeli prędkość ślimaka reaguje inaczej niż zwykle albo wahania są wyraźne, zawsze sprawdź jakość surowca.

3.3.5 Najczęstsze błędy operatorów związane z regulacją prędkości ślimaka

W praktyce zakładów wytłaczania najczęściej spotykane są:

- zbyt szybkie zwiększanie obrotów, aby podnieść wydajność - efekt: natychmiastowe drgania balonu i przesunięcie linii krzepnięcia,
- zbyt gwałtowne zmniejszenie obrotów, co powoduje utratę stabilności rękawa,
- brak synchronizacji odciągu z prędkością ślimaka,
- brak kontroli temperatury stopu po zmianach obrotów,
- zbyt częste modyfikowanie parametrów, zamiast obserwacji reakcji procesu.

To błędy, które w zakładach produkcyjnych powtarzają się najczęściej - i które możesz wyeliminować dzięki świadomej, stopniowej regulacji.

Prawidłowa regulacja prędkości ślimaka jest jednym z najważniejszych elementów stabilnego procesu rozdmuchu. To właśnie ona decyduje o tym, jak zachowuje się stop w głowicy, jak formuje się linia krzepnięcia i czy balon pozostaje stabilny nawet przy dużych prędkościach produkcyjnych. Jeśli będziesz wprowadzać korekty stopniowo, kontrolować reakcję balonu i synchronizować pracę ślimaka z odciągiem oraz chłodzeniem, osiągniesz stabilny, powtarzalny proces i zmniejszysz ryzyko wad jakościowych.

3.4 Typowe błędy w ustawieniu linii - jak ich unikać

Nawet najlepiej wyposażona linia do wytłaczania folii nie zapewni stabilnego procesu, jeśli jej ustawienia nie będą prowadzone w sposób świadomy i konsekwentny. W praktyce to właśnie błędy popełniane podczas ustawiania parametrów linii stanowią jedno z najczęstszych źródeł niestabilności balonu, zmian grubości, falowania rękawa czy problemów z linią krzepnięcia. W przeciwieństwie do awarii technicznych, błędy ustawień pojawiają się stopniowo i często pozostają niezauważone aż do momentu, gdy folia zaczyna tracić jakość, a proces staje się trudny do opanowania.

Łatwiej utrzymasz stabilny proces produkcji i zmniejszysz ryzyko przestojów oraz reklamacji.

3.4.1 Zbyt szybkie wprowadzanie zmian parametrów

Jednym z najczęstszych błędów jest wykonywanie gwałtownych korekt - zarówno w prędkości ślimaka, jak i w chłodzeniu czy ciśnieniu powietrza. Proces rozdmuchu reaguje z opóźnieniem, dlatego każda duża zmiana destabilizuje linię krzepnięcia i prowadzi do drgań balonu.

Jak tego unikać:

- wprowadzaj korekty małymi krokami,
- po każdej zmianie obserwuj balon przez kilka minut,
- nie koryguj jednocześnie kilku parametrów (np. chłodzenia i prędkości ślimaka),
- analizuj reakcję balonu na całej wysokości wieży, nie tylko pod głowicą.

3.4.2 Brak synchronizacji prędkości ślimaka i odciągu

Jeśli prędkość ślimaka i odciągu (haul-off) nie są ze sobą zsynchronizowane, folia będzie rozciągana nierównomiernie. W praktyce prowadzi to do wahań grubości, zmiany szerokości rękawa po złożeniu (ang. lay-flat) oraz niestabilności balonu.

Jak tego unikać:

- każdą zmianę obrotów ślimaka wykonuj z równoczesną kontrolą odciągu,
- obserwuj reakcję linii krzepnięcia przy każdej korekcie,
- utrzymuj stałą relację między wydajnością wytłaczania a prędkością odciągu.

3.4.3 Ignorowanie reakcji balonu przy zmianach parametrów

Balon zawsze „informuje" o niestabilności procesu - jednak sygnały te wymagają świadomej obserwacji i interpretacji. Częstym błędem jest koncentrowanie się jedynie na ustawieniach sterownika, bez obserwacji zachowania balonu.

Objawy, które często są ignorowane:

- delikatne falowanie rękawa,
- asymetryczne rozszerzanie balonu,
- niestabilna wysokość linii krzepnięcia,
- spiralne przesuwanie się balonu,
- lokalne zwężenia lub poszerzenia.

Jak temu zapobiegać:

- regularnie obserwuj balon z dwóch stron - asymetrie widać inaczej z każdego kąta,
- reaguj na pierwsze sygnały niestabilności, zanim problem pogłębi się,
- weryfikuj parametry procesu w chwili, gdy zauważysz jakąkolwiek zmianę zachowania balonu.

3.4.4 Pomijanie kontroli chłodzenia i drożności pierścienia chłodzącego

Chłodzenie jest jednym z punktów krytycznych. Jeżeli pierścień chłodzący jest zabrudzony lub nawiew nie jest równomierny, balon zawsze stanie się niestabilny, nawet jeśli pozostałe parametry wyglądają poprawnie.

Najczęstsze konsekwencje:

- zmienność grubości folii,
- falowanie i oscylacje balonu,
- nierównomierny przebieg linii krzepnięcia,
- lokalne deformacje folii.

Jak temu zapobiec:

- regularnie czyść i kontroluj pierścień chłodzący,
- sprawdzaj równomierność nawiewu powietrza,
- po każdej zmianie materiału lub dłuższym przestoju oceniaj symetrię chłodzenia.

3.4.5 Brak kontroli stanu technicznego głowicy i ustnika

Głowica wytłaczarska jest jednym z kluczowych elementów odpowiedzialnych za stabilny wypływ. Jeżeli szczelina ustnika jest nierówna, w kanałach są pozostałości po poprzednich produkcjach albo pierścienie centrujące są zużyte, balon będzie asymetryczny bez względu na to, jak ustawisz parametry.

Jak tego unikać:

- przeprowadzaj regularne przeglądy i czyszczenie głowicy,
- kontroluj ustawienie i równomierność szczeliny ustnika,
- wprowadzaj procedury czyszczenia po każdej zmianie surowca lub koloru.

3.4.6 Ustawianie parametrów bez odniesienia do jakości surowca

W praktyce zdarza się, że operatorzy przyjmują, że surowiec „zachowa się tak samo jak poprzednio". Tymczasem niewielkie zmiany MFI, wilgotności czy czystości granulatu mogą całkowicie zmienić warunki procesu. Jeśli ustawienia linii nie zostaną dostosowane do aktualnych właściwości surowca, balon stanie się niestabilny.

Najważniejsze elementy kontroli:

- sprawdzaj MFI partii surowca za pomocą plastometru,
- kontroluj wilgotność granulatu za pomocą wilgotnościomierza,

- oceniaj jednorodność mieszanki,
- reaguj na każdą zmianę we właściwościach przetwarzanego tworzywa.

3.4.7 Najczęstsze błędy wynikające z pośpiechu

W praktyce bieżącej pracy najwięcej problemów wynika z presji czasu:

- zbyt szybkie zwiększanie wydajności,
- pomijanie czyszczenia elementów linii,
- manualne poprawki ustawień bez analizy reakcji balonu,
- brak zapisów parametrów w dzienniku produkcyjnym.

Wszystkie te działania powodują destabilizację procesu i zwiększają ilość odpadu.

3.4.8 Podsumowanie

Ustawienie linii do wytłaczania folii wymaga konsekwencji, obserwacji i stopniowych korekt. To właśnie błędy wynikające z pośpiechu, braku synchronizacji parametrów lub pomijania sygnałów wysyłanych przez balon są najczęstszą przyczyną niestabilności procesu. Jeśli będziesz prowadzić regulacje świadomie, z analizą reakcji balonu i z uwzględnieniem jakości surowca, utrzymasz stabilny proces i ograniczysz ryzyko powstawania wad folii.

Dr Magdalena Laabs - **Testy linii do wytłaczania folii 5-warstwowej barierowej** - zdjęcie pochodzące z realizacji wdrożeniowych Rolbatch Engineering.

Na kolejnej stronie na zdjęciu: **Wielkogabarytowa linia do produkcji folii ogrodniczych** - przykład instalacji przemysłowej o znacznej wysokości wieży i dużej skali produkcji.

Linia do wytłaczania folii agro-rolniczych metodą rozdmuchu
(Jinming Chiny)

ROZDZIAŁ 4

USZKODZENIA MECHANICZNE I ICH PREWENCJA - JAK SKUTECZNIE UNIKAĆ TYPOWYCH PROBLEMÓW?

W poprzednich rozdziałach przedstawiłam typowe problemy dotyczące jakości produkowanej folii wynikające głównie z parametrów technologicznych i ustawień maszyn. Jednak podczas produkcji folii metodą rozdmuchu równie często zdarzają się uszkodzenia mechaniczne, które znacząco wpływają na jakość gotowego wyrobu, powodując zwiększenie ilości odpadów oraz obniżenie efektywności produkcji.

Uszkodzenia mechaniczne folii, takie jak rozdarcia, przebicia, miejscowe osłabienia, fałdy lub odkształcenia

powierzchniowe, mogą powstać na różnych etapach procesu technologicznego - od momentu opuszczenia głowicy wytłaczarskiej, poprzez etap chłodzenia, spłaszczania rękawa foliowego, aż po końcowe nawijanie folii na rolkę.

Uszkodzenia takie wymagają świadomej kontroli prowadzenia, transportu i nawijania rękawa, ponieważ nawet drobne nieprawidłowości w tych obszarach szybko przekładają się na straty jakościowe i produkcyjne.

4.1 Typowe rodzaje uszkodzeń mechanicznych folii - diagnoza, przyczyny, korekty oraz skuteczne strategie zapobiegania

Uszkodzenia mechaniczne folii stanowią istotny problem jakościowy w procesie wytłaczania metodą rozdmuchu. Podczas licznych uruchomień i optymalizacji linii produkcyjnych, w których miałam okazję uczestniczyć, wielokrotnie obserwowałam sytuacje, w których pozornie drobne uszkodzenia prowadziły do poważnych konsekwencji: reklamacji, zwiększonej ilości odpadu, nieplanowanych przestojów i strat ekonomicznych.

Uszkodzenia mechaniczne folii najczęściej powstają na etapie prowadzenia, spłaszczania i nawijania rękawa, gdzie nawet niewielkie błędy ustawień lub zabrudzenia elementów linii prowadzą do rozdarć, rys i osłabień struktury materiału. Znajomość typowych rodzajów tych uszkodzeń, ich przyczyn oraz skutecznych metod diagnozy, korekty i prewencji pozwala szybciej rozpoznawać pierwsze sygnały nieprawidłowości i podejmować działania utrzymujące stabilną, powtarzalną jakość produkcji.

4.1.1 Najczęściej spotykane typy uszkodzeń mechanicznych folii:

Na podstawie mojego doświadczenia w zakładach przetwórczych mogę wskazać kilka szczególnie istotnych typów uszkodzeń, które często występują podczas produkcji folii metodą rozdmuchu:

1. **Rozdarcia i przebicia folii**
   Najczęściej występują na etapie chłodzenia, prowadzenia folii przez rolki prowadzące oraz nawijania. Powodem jest zazwyczaj zbyt silne naprężenie folii, zanieczyszczone lub ostre elementy linii technologicznej lub niewłaściwa regulacja ciśnienia powietrza w balonie folii.
2. **Miejscowe osłabienia struktury folii (cienkie miejsca)**
   Powstają wskutek nieprawidłowego przepływu materiału w głowicy, niedokładnego ustawienia ustnika lub niestabilnego chłodzenia balonu folii. Te miejsca często ulegają przebiciom w dalszym procesie konfekcjonowania lub pakowania produktów.
3. **Fałdy i załamania powierzchni folii**
   Mają miejsce najczęściej przy nieprawidłowym ustawieniu linii chłodzącej i spłaszczającej rękaw folii. Nieodpowiednie naprężenie podczas nawijania również przyczynia się do powstawania fałd.
4. **Rysy i uszkodzenia powierzchniowe**
   Powodowane przez zanieczyszczenia rolek prowadzących, złe ustawienie systemu prowadzenia folii lub niewłaściwe obchodzenie się z folią podczas ręcznych operacji.

4.1.2 Jak skutecznie diagnozować uszkodzenia mechaniczne?

W celu efektywnej diagnozy uszkodzeń mechanicznych folii warto wdrożyć następujące procedury diagnostyczne:

- **Dokładna obserwacja procesu produkcyjnego:** operatorzy powinni regularnie kontrolować stan balonu folii, sposób jego prowadzenia, wygląd powierzchni folii oraz jakość nawijania.
- **Kontrola wizualna rolki folii po nawinięciu:** pozwala na szybką identyfikację fałd, rys, rozdarć oraz innych uszkodzeń.
- **Regularne przeglądy stanu technicznego linii produkcyjnej:** szczególnie ważne są przeglądy rolek prowadzących, prowadnic, systemów chłodzących oraz elementów głowicy, aby wcześnie wykryć potencjalne źródła uszkodzeń mechanicznych.

4.1.3 Szczegółowe przyczyny uszkodzeń mechanicznych folii:

Przyczyny uszkodzeń mechanicznych mogą być różnorodne, jednak na podstawie mojego doświadczenia można wskazać kilka najczęściej spotykanych:

- **Nieprawidłowe naprężenie folii na linii produkcyjnej** (zbyt silne lub nierównomierne naprężenia wynikające z błędów ustawień napędu rolek prowadzących lub nawijarek).
- **Zanieczyszczenia i ostre krawędzie elementów prowadzących** (np. rolki, prowadnice, systemy transportu folii).

- **Niestabilne ciśnienie powietrza rozdmuchującego balon folii,** prowadzące do jego drgań i lokalnych osłabień struktury.
- **Nierównomierna grubość folii wynikająca z błędów w ustawieniu głowicy** (powodująca powstawanie słabszych miejsc podatnych na przebicia).
- **Nieprawidłowo dobrane parametry chłodzenia folii** (intensywność, odległość od głowicy), powodujące nierówne naprężenia powierzchniowe i podatność na uszkodzenia.
- **Nieprawidłowa geometria lub zużycie elementów w strefie spłaszczania i odbioru folii** (np. ramy składającej, prowadnic), powodujące lokalne tarcie i uszkodzenia mechaniczne.

4.1.4 Korekty i praktyczne działania zapobiegawcze:

Aby skutecznie eliminować uszkodzenia mechaniczne, proponuję zastosowanie następujących działań korygujących i prewencyjnych:

1. Optymalizacja ustawień naprężenia folii:

Dokładne regulowanie siły naciągu folii na całej linii produkcyjnej - od chłodzenia balonu po nawijanie - pozwala uniknąć rozdarć i przebicia folii. Szczególnie ważne jest odpowiednie ustawienie momentu obrotowego wałków prowadzących i nawijarki. Naprężenie powinno być stabilne i dostosowane do grubości folii oraz prędkości linii, aby nie generować lokalnych przeciążeń materiału.

2. Regularna konserwacja i czyszczenie elementów linii technologicznej:

Utrzymywanie rolek prowadzących, prowadnic oraz systemów transportowych w idealnej czystości pozwala uniknąć rys i uszkodzeń powierzchni folii. Warto wdrożyć codzienną kontrolę i czyszczenie tych elementów. Nawet drobne zanieczyszczenia mogą działać jak punktowe koncentracje naprężeń, inicjując mikrouszkodzenia folii.

3. Stabilizacja procesu rozdmuchu balonu folii:

Stabilne i regularnie kontrolowane ciśnienie powietrza pomaga utrzymać prawidłowy kształt balonu folii, ograniczając ryzyko falowania, miejscowych osłabień i rozdarć. Szczególne znaczenie ma eliminacja pulsacji ciśnienia oraz asymetrii nadmuchu.

4. Precyzyjna regulacja szczeliny głowicy wytłaczarskiej:

Dbałość o jednorodny przepływ materiału przez głowicę minimalizuje ryzyko powstawania cienkich, podatnych na uszkodzenia miejsc folii. Lokalne różnice efektywnej szerokości szczeliny, wynikające z ustawień, rozkładu temperatury lub zużycia elementów szczeliny, prowadzą do obniżenia wytrzymałości mechanicznej folii już na wyjściu z głowicy.

5. Optymalizacja parametrów chłodzenia:

Dobranie optymalnych ustawień chłodzenia (intensywności nawiewu, odległości chłodzenia) zapobiega lokalnym naprężeniom folii, które powodują fałdy i deformacje powierzchniowe.

4.1.5 Typowe błędy operatorów i technologów - jak ich unikać?

Z mojego doświadczenia wynika, że szczególnie często występują następujące błędy:

- **Ignorowanie regularnej kontroli rolek i prowadnic:**

  Operatorzy zakładają, że rolki prowadzące są czyste i bez uszkodzeń, przez co folie ulegają uszkodzeniom powierzchniowym.

  Rozwiązanie: wdrożenie codziennych kontroli i procedur czyszczenia elementów prowadzących.

- **Brak szybkiej reakcji na problemy z naprężeniem folii:**

  Nawet doświadczeni operatorzy często bagatelizują sygnały świadczące o nadmiernym naprężeniu folii (drgania, nierówne nawijanie), co prowadzi do jej rozdarcia.

  Rozwiązanie: natychmiastowa reakcja na pierwsze objawy niestabilności, regulacja siły naprężenia folii.

- **Zbyt rzadkie przeglądy głowicy wytłaczarskiej:**

  Błędne ustawienie szczeliny ustnika lub niedokładne czyszczenie kanałów przepływu często prowadzi do miejscowych osłabień folii.

  Rozwiązanie: systematyczna kalibracja szczeliny i regularne czyszczenie głowicy.

4.1.6 Podsumowanie

Uszkodzenia mechaniczne folii, choć często spotykane, są możliwe do uniknięcia dzięki konsekwentnemu wdrażaniu procedur kontroli i prewencji. Regularne czyszczenie i konserwacja linii technologicznej, precyzyjna regulacja parametrów produkcji oraz szybka reakcja na pierwsze objawy problemów pozwolą Ci znacząco poprawić jakość produkcji oraz obniżyć straty materiałowe i finansowe. Wdrożenie przedstawionych strategii może przynieść wymierne korzyści produkcyjne, ograniczyć straty materiałowe i zmniejszyć ryzyko reklamacji.

4.2 Jak szybko korygować błędy na produkcji - sprawdzone techniki i procedury szybkiej reakcji na problemy jakościowe

Jedną z najważniejszych umiejętności każdego operatora, technologa czy kierownika produkcji w procesie wytłaczania folii metodą rozdmuchu jest szybkie i skuteczne reagowanie na pojawiające się problemy produkcyjne. Z mojego doświadczenia wiem, że szybkość diagnozy oraz odpowiednia reakcja na błędy w trakcie produkcji mają bezpośredni wpływ na minimalizację strat, ograniczenie ilości odpadów i zapewnienie wysokiej jakości gotowego produktu.

Sprawdzone techniki i procedury szybkiej reakcji na problemy produkcyjne pozwalają szybko zdiagnozować problem na linii, skorygować parametry procesu oraz ograniczyć ryzyko dalszych komplikacji produkcyjnych. Zastosowanie tych działań w praktyce przynosi wymierną poprawę jakości oraz wydajności produkcji, co potwierdziły wdrożenia realizowane w wielu zakładach przetwórczych.

4.2.1 Dlaczego szybkość reakcji na błędy produkcyjne jest kluczowa?

Z praktyki wdrożeniowej wiem, że większość poważnych defektów jakościowych folii - takich jak uszkodzenia mechaniczne, nierównomierna grubość, niestabilność balonu czy przebarwienia - zaczyna się od drobnych, na pierwszy rzut oka niegroźnych odchyleń. Jednak im dłużej takie odchylenia pozostają niezauważone lub ignorowane przez operatorów i technologów, tym większe są późniejsze straty jakościowe i materiałowe. Dlatego szybka i skuteczna reakcja jest absolutnym priorytetem.

4.2.2 Jak szybko zdiagnozować i zareagować na problem produkcyjny?

Szybka reakcja na problem wymaga przede wszystkim obserwacji objawów, wprowadzania małych korekt i korzystania z prostych list kontrolnych dostępnych przy linii.

W praktyce najważniejsze jest, aby nie zmieniać kilku parametrów jednocześnie, bo wtedy trudno ustalić, która korekta rzeczywiście wpłynęła na poprawę procesu.

1. Wizualna kontrola produkcji - szybkie rozpoznawanie symptomów:

Podstawową techniką jest stała, uważna obserwacja produkcji przez operatorów. Pierwsze objawy, takie jak niestabilność balonu folii, niewielkie zmiany koloru, delikatne pulsacje folii czy zmienny naciąg, powinny być natychmiast analizowane.

2. Stopniowa korekta parametrów procesu:

Kiedy zauważysz problem, pierwszym krokiem jest natychmiastowe dokonanie stopniowej korekty kluczowych parametrów produkcji, takich jak temperatura cylindra, ciśnienie nadmuchu balonu folii, prędkość ślimaka czy intensywność chłodzenia. Dokonuj małych, kontrolowanych korekt, obserwując efekty ich wprowadzenia.

3. Stosowanie list kontrolnych reakcji na problemy:

Bardzo skuteczną praktyką jest wdrożenie przeze mnie w wielu zakładach specjalnych list kontrolnych reakcyjnych, dostępnych przy linii produkcyjnej. Listy te zawierają schematy postępowania w przypadku typowych problemów - dzięki nim operatorzy wiedzą, jakie działania podjąć natychmiast po zauważeniu problemu.

Przykładowa lista kontrolna **reakcji na niestabilność balonu folii:**

- Sprawdź ciśnienie powietrza rozdmuchującego balon folii.
- Zweryfikuj ustawienia chłodzenia - zmniejsz lub zwiększ intensywność nawiewu.
- Sprawdź temperaturę uplastyczniania tworzywa.
- Dokonaj szybkiej kontroli ustawienia szczeliny ustnika głowicy.

4.2.3 Jakie błędy są popełniane najczęściej podczas reakcji na problemy?

Poniżej przedstawiam najczęstsze błędy operatorów i technologów związane z reakcją na problemy produkcyjne - oraz sposoby ich unikania:

- **Zbyt późna reakcja na objawy problemu:** Operatorzy często ignorują pierwsze, drobne symptomy problemów (np. delikatne drgania balonu), co w konsekwencji prowadzi do poważniejszych komplikacji procesowych.

  Rozwiązanie: Natychmiastowa reakcja na każde zaobserwowane odchylenie, nawet drobne - wdrożenie zasady „zero tolerancji dla odstępstw". Każde odstępstwo powinno być traktowane jako sygnał wczesnego ostrzegania i analizowane zanim przerodzi się w pełnoskalowy problem procesowy.

- **Chaotyczne wprowadzanie korekt:**

  W sytuacji stresowej operatorzy często dokonują wielu jednoczesnych zmian parametrów, przez co trudno jest ocenić, która zmiana przyniosła poprawę lub pogorszenie sytuacji.

Rozwiązanie: Dokonywanie jednej zmiany na raz, dokładne obserwowanie jej skutków, notowanie parametrów przed i po korekcie.

- **Brak komunikacji pomiędzy operatorami, technologami i kierownikami produkcji:**

  Problemy produkcyjne często są zauważane przez operatorów, ale nie są przekazywane dalej - co skutkuje powtarzaniem się tych samych błędów w przyszłości.

  Rozwiązanie: Wdrożenie systemu raportowania problemów produkcyjnych i ich rozwiązań (np. dziennik zmiany, elektroniczny system raportowania).

4.2.4 Skuteczne strategie prewencji i zarządzania problemami produkcyjnymi:

W oparciu o moje doświadczenia w wielu zakładach produkcyjnych, przedstawiam Ci kilka praktycznych metod, które znacznie zwiększą efektywność Twojej reakcji na problemy produkcyjne:

- **Szkolenia dla operatorów.**
  Regularne warsztaty i szkolenia dla operatorów w zakresie szybkiego rozpoznawania i korygowania problemów jakościowych, oparte na realnych przykładach z linii produkcyjnych. W Rolbatch Academy oferujemy takie szkolenia w formie 100% online w 14 językach.

- **Zastosowanie profesjonalnych urządzeń pomiarowych.**
  Regularne stosowanie urządzeń laboratoryjnych, takich jak plastometry (do pomiaru wskaźnika płynięcia - MFI), gęstościomierze czy wilgotnościomierze, które oferujemy w firmie Rolbatch, pozwala na wczesne wykrywanie potencjalnych problemów materiałowych i eliminację ich źródeł.
- **Systematyczne przeglądy i kalibracja maszyn produkcyjnych.**
  Regularne kalibrowanie szczeliny głowicy, ustawień pierścienia chłodzącego oraz parametrów ślimaka pozwala zminimalizować ryzyko wystąpienia nagłych problemów produkcyjnych.
- **Wdrożenie systemu raportowania i dokumentacji problemów.**
  Każdy problem produkcyjny powinien być dokładnie opisany, zanalizowany i udokumentowany - taka dokumentacja stanowi bazę wiedzy umożliwiającą szybkie rozwiązywanie podobnych problemów w przyszłości.

4.2.5 Podsumowanie

Szybka reakcja na problemy produkcyjne jest jednym z kluczowych elementów skutecznego zarządzania procesem produkcji folii metodą rozdmuchu. Stosowanie przedstawionych przeze mnie technik diagnostycznych, procedur szybkiej korekcji oraz strategii prewencyjnych pozwoli Ci skutecznie minimalizować straty, szybko poprawiać jakość folii i zwiększać stabilność parametrów Twoich wyrobów. Wdrożenie tych praktyk pomaga szybciej reagować na odchylenia, ograniczać straty materiałowe i poprawiać efektywność pracy linii.

4.3 Konserwacja linii - czyszczenie głowicy wytłaczarskiej, wymiana pakietu sit i prewencja problemów jakościowych

W wielu zakładach produkcyjnych, z którymi miałam okazję współpracować, bardzo częstą przyczyną problemów jakościowych w produkcji folii metodą rozdmuchu jest zaniedbanie regularnej konserwacji maszyn i urządzeń produkcyjnych. Nawet najlepiej ustawiona linia technologiczna czy prawidłowo dobrany granulat nie zapewnią stabilnej jakości produkcji, jeśli elementy wytłaczarki - szczególnie głowica oraz układ filtracji - są zanieczyszczone, przypalone lub zużyte.

Niewłaściwy stan techniczny głowicy i układu filtracji prowadzi do pogorszenia stabilności parametrów procesu.

4.3.1 Dlaczego regularna konserwacja głowicy i wymiana sit filtracyjnych są istotne?

Głowica wytłaczarska bezpośrednio wpływa na równomierność wypływu stopu, stabilność grubości folii, jakość jej powierzchni oraz stabilność balonu. Nawet minimalne zabrudzenia, przypalone pozostałości tworzywa, zanieczyszczenia w kanałach przepływu stopu czy lekko nierównomierne ustawienie szczeliny ustnika mogą prowadzić do poważnych problemów jakościowych, takich jak nierównomierna grubość, smugi, przebarwienia, rozwarstwienia struktury folii lub pogorszenie jej właściwości mechanicznych i wizualnych.

Podobnie układ filtracji - zanieczyszczone lub częściowo zatkane sita filtracyjne powodują wzrost ciśnienia, pulsacje przepływu materiału, pojawianie się miejscowych osłabień folii, a także czarnych punktów lub przebarwień, które są szczególnie niekorzystne w folii przeznaczonej do opakowań żywności, farmaceutyków czy kosmetyków.

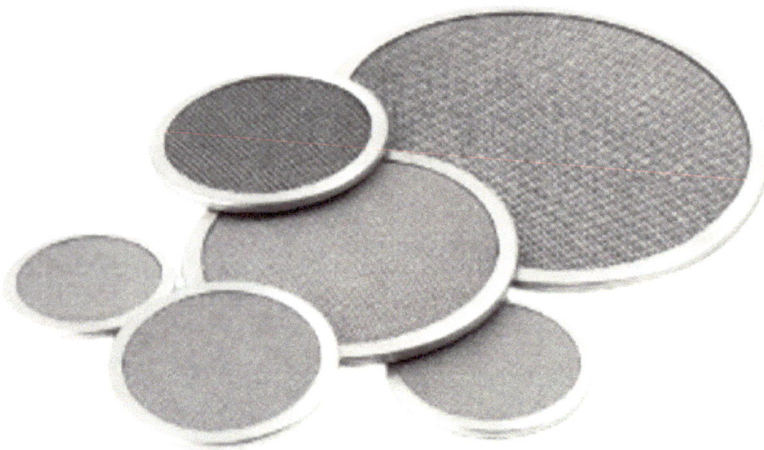

Zaniedbania w tym obszarze rzadko powodują natychmiastową awarię, lecz stopniowo destabilizują proces, prowadząc do narastających problemów jakościowych i wzrostu odpadowości.

4.3.2 Najczęstsze problemy wynikające z zaniedbań konserwacyjnych:

Z mojego doświadczenia najczęstsze problemy wynikające z niedostatecznej konserwacji to:

- **Czarne punkty i przebarwienia na folii** - wynikające z przypalonych resztek tworzywa w głowicy lub z zatkanych sit filtracyjnych.
- **Nierównomierna grubość folii** - spowodowana przez nierównomierne wypływanie materiału przez zanieczyszczone kanały głowicy.
- **Wzrost ciśnienia w wytłaczarce** - często efekt częściowo zatkanego pakietu sit, co prowadzi do pulsacji i falowania folii, a nawet do awarii maszyny.
- **Miejscowe osłabienia struktury folii** - wynikające z niestabilnego przepływu materiału przez częściowo zablokowane sita filtracyjne.

4.3.3 Jak prawidłowo prowadzić konserwację i czyszczenie głowicy?

W konserwacji głowicy wytłaczarskiej najważniejsze są regularne czyszczenie, kontrola szczeliny ustnika oraz reagowanie na pierwsze objawy degradacji tworzywa.

1. Regularne czyszczenie mechaniczne głowicy

Regularne czyszczenie głowicy wytłaczarskiej jest jednym z podstawowych działań prewencyjnych. Częstotliwość czyszczenia zależy od rodzaju produkowanej folii oraz jakości surowca, jednak w praktyce zaleca się wykonywanie krótkiego czyszczenia ustnika przy każdej zmianie koloru lub receptury oraz dokładniejszego czyszczenia głowicy w odstępach od kilku dni do kilku tygodni - w zależności od stopnia zabrudzenia i stabilności procesu. Na rynku nie ma głowic całkowicie samoczyszczących, dlatego regularna kontrola i konserwacja są konieczne do utrzymania stabilnego wypływu i wysokiej jakości folii.

2. Dokładne czyszczenie chemiczne lub termiczne

Dokładne czyszczenie chemiczne lub termiczne głowicy warto wykonywać w zależności od rodzaju produkowanej folii i jakości surowca. W praktyce najczęściej przeprowadza się je przy zmianach koloru lub materiału, a także podczas dłuższych przestojów produkcyjnych lub w sytuacji, gdy pojawiają się symptomy degradacji tworzywa. Takie czyszczenie pozwala całkowicie usunąć pozostałości zdegradowanego polietylenu i skutecznie eliminuje ryzyko powstawania ciemnych punktów na powierzchni folii.

3. Kontrola i kalibracja szczeliny ustnika głowicy

Regularna kontrola i kalibracja szczeliny ustnika jest kluczowa dla utrzymania równomiernego wypływu tworzywa i stabilnej grubości folii. Pomiary szczeliny należy wykonywać przy każdej zmianie typu folii, zmianie surowca lub w sytuacji pojawienia się różnic grubości. W praktyce pomiar okresowy wykonuje się także podczas planowych przeglądów głowicy. Zaniedbanie tego etapu prowadzi do narastania lokalnych odchyleń grubości, które często pozostają niezauważone na początku, lecz z czasem destabilizują cały proces produkcyjny.

4.3.4 Regularna wymiana sit filtracyjnych - zasady dobrych praktyk:

Aby uniknąć problemów związanych z filtracją, stosuj następujące zasady:

- **Systematyczna wymiana sit filtracyjnych** - sita należy wymieniać natychmiast po zauważalnym wzroście ciśnienia na wytłaczarce lub zgodnie z ustalonym harmonogramem, dostosowanym do rodzaju surowca i ilości zanieczyszczeń. Terminowa wymiana sit stabilizuje proces i zapobiega blokowaniu przepływu stopu.
- **Dobór odpowiedniej gęstości siatek filtracyjnych (mesh)** - przy produkcji cieńszych folii zwykle stosuje się siatki filtracyjne o wyższej wartości mesh, na przykład 60-80 mesh, natomiast przy foliach grubszych lub przy surowcach bardziej zanieczyszczonych można stosować siatki o niższej wartości mesh, na przykład 30-40 mesh. Dobór pakietu sit powinien uwzględniać rodzaj surowca, poziom zanieczyszczeń, lepkość stopu oraz dopuszczalny wzrost ciśnienia w układzie. Zbyt drobna siatka może poprawić filtrację, ale jednocześnie zwiększyć opory przepływu i przyspieszyć konieczność wymiany pakietu sit.
- **Kontrola różnicy ciśnień na pakiecie sit** - regularny monitoring ciśnienia przed i za pakietem sit pozwala dokładniej określić moment jego wymiany oraz zapobiegać pulsacjom stopu, wzrostowi ciśnienia i niestabilności balonu folii.

Przestrzeganie tych zasad pozwala utrzymać stabilność przepływu stopu i ograniczyć ryzyko zaburzeń procesu.

4.3.5 Skuteczne strategie zapobiegania problemom wynikającym z eksploatacji i utrzymania linii do wytłaczania:

Poniższe działania pozwalają skutecznie ograniczać problemy związane z konserwacją układu uplastyczniającego i głowicy:

- **Wdrożenie jasnych procedur konserwacyjnych** - operatorzy powinni mieć dostęp do precyzyjnych instrukcji dotyczących czyszczenia głowicy, kalibracji ustnika oraz wymiany sit filtracyjnych. Jasne procedury ułatwiają utrzymanie powtarzalności i zapewniają właściwą jakość pracy.
- **Regularne szkolenia praktyczne** - okresowe szkolenia operatorów dotyczące prawidłowej konserwacji oraz diagnostyki problemów zwiększają skuteczność działań prewencyjnych i zmniejszają ryzyko błędów.
- **Stosowanie list kontrolnych konserwacyjnych** - listy kontrolne pomagają w uporządkowanym wykonywaniu wszystkich czynności serwisowych i minimalizują ryzyko pominięcia istotnych kroków podczas czyszczenia i przeglądów.

4.3.6 Typowe błędy operatorów linii do wytłaczania folii - jak ich skutecznie unikać?

W praktyce produkcyjnej najczęściej spotykane błędy to:

- **Bagatelizowanie konieczności wymiany sit filtracyjnych**

Odkładanie wymiany sit mimo rosnącego ciśnienia prowadzi do niestabilności procesu i ryzyka zablokowania przepływu stopu.

Rozwiązanie: wprowadzenie jasnych zasad monitoringu ciśnienia i terminowej wymiany sit oraz wykorzystanie alarmów ostrzegawczych w systemie sterowania.

- **Zaniedbywanie przeglądów i czyszczenia głowicy**

Pomijanie rutynowych czynności konserwacyjnych prowadzi do powstawania przypaleń, osadów i problemów jakościowych.

Rozwiązanie: wdrożenie obowiązkowych przeglądów technicznych i dokumentowania wykonanych czynności.

- **Niedokładna kalibracja szczeliny ustnika**

Założenie, że ustnik pozostaje stabilny przez długi czas, jest błędne. Nawet niewielkie odchylenia wpływają na grubość folii i stabilność balonu.

Rozwiązanie: regularna kalibracja szczeliny ustnika przy pomocy odpowiednich narzędzi pomiarowych oraz kontrola po każdej zmianie surowca lub rodzaju produkowanej folii.

4.3.7 Podsumowanie

Regularna konserwacja głowicy oraz regularna wymiana sit filtracyjnych to podstawowe elementy zapobiegania problemom jakościowym w procesie wytłaczania folii metodą rozdmuchu. Stosowanie jasno określonych procedur, monitorowanie stanu technicznego linii oraz systematyczne kontrole parametrów procesu znacząco zwiększają stabilność produkcji, ograniczają powstawanie defektów i poprawiają efektywność pracy całego układu uplastyczniającego. Konsekwentne wdrażanie tych praktyk pozwala utrzymać wysoką i powtarzalną jakość folii oraz zmniejszyć ryzyko reklamacji.

Na zdjęciu: **Dr Magdalena Laabs - linia do rozdmuchu folii z intensywnym chłodzeniem typu water-quench** (Jinming - Chiny).

ROZDZIAŁ 5

PROBLEMY Z NAWIJANIEM I TRANSPORTEM FOLII - SKUTECZNE METODY ROZWIĄZYWANIA PROBLEMÓW

Nawijanie i transport folii mają bezpośredni wpływ na końcową jakość wyrobu, mimo że często są traktowane jako końcowe, mniej problematyczne etapy procesu.

Problemy takie jak marszczenie folii, rozwarstwianie warstw, stożkowy kształt rolek czy trudności przy rozwijaniu folii podczas późniejszych etapów obróbki mogą znacząco obniżyć jakość produktu końcowego oraz zwiększyć poziom odpadu. W praktyce często obserwuję, że nawet poprawnie wyprodukowana folia może utracić swoje właściwości użytkowe na ostatnich etapach procesu, jeśli nawijanie lub transport nie są prowadzone prawidłowo.

Dlatego nawijanie i transport trzeba traktować jako integralną część kontroli jakości, a nie tylko jako etap końcowy po zakończeniu wytłaczania.

Rozwiązania i procedury oparte na doświadczeniach z licznych uruchomień i optymalizacji pokazują, że nawet niewielkie korekty ustawień lub sposobu nawijania mogą wyraźnie poprawić jakość folii, zwiększyć efektywność pracy linii oraz ograniczyć straty materiałowe.

5.1 Marszczenie i zaburzenia nawijania folii - diagnoza, korekta i rozwiązania technologiczne

Marszczenie, fałdy oraz zaburzenia nawijania folii to jedne z najczęściej pojawiających się problemów podczas nawijania. Nawet folia wyprodukowana w stabilnych warunkach może utracić prawidłową geometrię i właściwości użytkowe na etapie nawijania, jeśli układ prowadzenia i nawijania nie pracuje prawidłowo. Takie wady znacząco utrudniają dalsze procesy: drukowanie, laminowanie, cięcie, zgrzewanie i automatyczne pakowanie, a ich konsekwencją są często zwiększona ilość odpadu i reklamacje.

Przykład marszczenia się folii w trakcie produkcji.

Na tym etapie zjawisko to może mieć charakter przejściowy i dopiero brak jego wyrównania w dalszych strefach procesu może prowadzić do powstawania wad wyrobu gotowego.

5.1.1 Dlaczego marszczenie i zaburzenia nawijania są tak poważnym problemem?

Folia nawinięta z marszczeniami lub zaburzeniami nawijania staje się problematyczna w dalszym przetwarzaniu folii. Fałdy i nierówności powstające na etapie prowadzenia oraz składania folii są utrwalane podczas nawijania, co prowadzi do pogorszenia jakości gotowej rolki.

Występują:

- trudności z równomiernym rozwijaniem folii,
- zakłócenia w automatycznym pakowaniu,
- problemy z utrzymaniem napięcia podczas drukowania,
- fałdy i deformacje pojawiające się w procesie laminowania,
- zwiększona ilość odpadu,
- obniżona wydajność linii klientów końcowych.

Zaburzenia nawijania oraz utrwalone fałdy powodują lokalne deformacje folii, które utrudniają jej dalsze przetwarzanie i mogą dyskwalifikować część rolki z dalszego wykorzystania.

5.1.2 Główne przyczyny marszczenia i zaburzeń nawijania folii

Najczęstsze źródła problemu to:

1. **Niewłaściwe napięcie folii podczas nawijania**
   Zbyt wysokie lub nierównomierne napięcie prowadzi do powstawania fałd, ścięć warstw i deformacji na rolce.

2. **Nieprawidłowe ustawienie lub zużycie rolek prowadzących**
   Zabrudzone, nierównoległe, zużyte lub źle ustawione rolki powodują, że folia prowadzona jest pod niewłaściwym kątem, co generuje marszczenia.
3. **Nieodpowiednia geometria układu prowadzenia folii**
   Nieprawidłowe kąty prowadzenia, niewłaściwe położenie rolek, zbyt duże odległości między nimi lub błędne ustawienie wlotu do nawijarki powodują naprężenia i powstawanie fałd.
4. **Nierównomierna grubość folii z wcześniejszych etapów**
   Wahania grubości z etapu wytłaczania natychmiast przekładają się na różnice napięcia podczas nawijania, co prowadzi do marszczeń, lokalnych deformacji i odkształceń.

5.1.3 Diagnoza problemów związanych z marszczeniem i zaburzeniami nawijania folii

Aby skutecznie zdiagnozować przyczynę, zwróć uwagę na:

- **obserwację wizualną nawijania** - sposób układania folii na rolkach prowadzących i nawijarce, miejsca powstawania fałd i naprężeń,
- **kontrolę napięcia folii** - regularny pomiar naciągu folii przy użyciu **tensometru**, co pozwala szybko wykryć odchylenia napięcia,
- **stan techniczny rolek prowadzących** - ich równoległość, czystość, stan powierzchni, łożysk i powłok,

- **pracę całego układu prowadzenia folii** - symetrię prowadzenia, kąty wejścia na rolki, prędkości odciągu i synchronizację z wytłaczarką.

5.1.4 Praktyczne metody korekty marszczenia i zaburzeń nawijania folii

Oto najskuteczniejsze działania korygujące:

1. **Regulacja napięcia folii podczas nawijania**
   Dopasuj siłę naciągu tak, aby była minimalna, ale wystarczająca do stabilnego prowadzenia folii. Zbyt duże napięcie tworzy marszczenia i lokalne deformacje.
2. **Kalibracja i konserwacja rolek prowadzących**
   Zadbaj o czystość, prawidłowe ustawienie i stan powierzchni rolek. Nawet niewielkie uszkodzenia, zużycie powierzchni rolek lub ich nieprawidłowe ustawienie względem siebie prowadzą do lokalnych zaburzeń prowadzenia folii i powstawania deformacji.
3. **Optymalizacja geometrii linii prowadzenia folii**
   Ustaw właściwe kąty prowadzenia, wysokości rolek, ich odległości i pozycję względem nawijarki. Prawidłowa geometria układu znacząco redukuje naprężenia w folii.
4. **Stabilizacja procesu wytłaczania**
   Nierównomierna grubość folii jest jedną z najczęstszych przyczyn marszczeń. Zadbaj o stabilną linię krzepnięcia, równomierne chłodzenie i właściwe parametry pracy wytłaczarki.

5.1.5 Skuteczne działania prewencyjne

Stosuj następujące strategie, aby minimalizować ryzyko powstawania marszczeń i rozwarstwień:

- **regularne szkolenia operatorów** w zakresie ustawiania układu prowadzenia i napięcia folii,
- **systematyczne przeglądy i konserwacja rolek prowadzących oraz nawijarek**,
- **codzienne listy kontrolne na stanowisku operatora**,
- **kontrola parametrów folii na wcześniejszych etapach produkcji** (grubość, jednorodność, napięcie),
- **monitorowanie właściwości surowców** - stabilność MFI, jednorodność granulatu, brak zanieczyszczeń.

Urządzenia laboratoryjne, takie jak plastometry (MFI), wilgotnościomierze czy gęstościomierze, pozwalają wychwycić problemy surowcowe, które później ujawniają się jako wady podczas nawijania.

5.1.6 Najczęściej popełniane błędy - jak ich unikać

Najczęstsze błędy podczas nawijania to:

- **Zbyt wysokie napięcie folii**

  Powoduje powstawanie fałd, zagnieceń oraz przesunięć warstw rękawa foliowego.

  Jak unikać: stosuj mierniki naciągu i ustaw minimalny, stabilny naciąg folii.

- **Pomijanie kontroli rolek prowadzących**

  Zużyte lub zabrudzone rolki natychmiast powodują marszczenia.

  Jak unikać: regularne czyszczenie i przeglądy techniczne.

- **Bagatelizowanie problemów z wcześniejszych etapów**

  Niestabilna grubość folii z etapu wytłaczania zawsze ujawni się podczas nawijania.

  Jak unikać: regularne pomiary grubości i stabilizacja procesu wytłaczania.

5.1.7 Podsumowanie

Marszczenie i rozwarstwianie folii to problemy możliwe do skutecznego wyeliminowania poprzez prawidłowe ustawienie nawijania, kontrolę geometrii układu prowadzenia folii oraz stabilizację wcześniejszych etapów procesu. Wdrożenie opisanych metod diagnostycznych, korekcyjnych i prewencyjnych znacząco poprawia jakość nawijania, zmniejsza ilość odpadu i zwiększa wydajność całej linii.

5.2 Stożkowy kształt rolki - diagnoza przyczyn, metody korekty i skuteczne zapobieganie problemom

W praktyce uruchamiania i optymalizowania linii produkcyjnych często obserwuję sytuacje, w których folia nawinięta na rolkę przyjmuje charakterystyczny stożkowy kształt. Problem ten, choć pozornie niewielki, prowadzi do poważnych konsekwencji technologicznych - nierównomiernego naprężenia folii, trudności z rozwijaniem, problemów w konfekcjonowaniu, drukowaniu i pakowaniu. Stożkowatość negatywnie wpływa również na postrzeganie jakości wyrobu przez klientów końcowych.

Stożkowy kształt rolki jest efektem zaburzeń równowagi naprężeń na szerokości folii i może być skutecznie eliminowany poprzez właściwą diagnozę oraz korektę ustawień linii nawijania. Jeżeli ustalisz, czy problem powstaje na etapie prowadzenia folii, nawijania, wcześniejszego chłodzenia czy nierównej grubości, łatwiej dobierzesz korektę, która rzeczywiście poprawi jakość rolki.

5.2.1 Jak rozpoznać stożkowy kształt rolki folii?

Stożkowość rolki folii można bardzo łatwo rozpoznać wizualnie - jest to sytuacja, w której jedna strona rolki ma większą średnicę niż druga. W efekcie folia układa się nierównomiernie, a rolka nie jest idealnie cylindryczna. Objawy tego problemu są szczególnie widoczne przy dalszym rozwijaniu folii, gdzie mogą wystąpić nierówności naprężeń, falowanie powierzchni i trudności z równomiernym prowadzeniem folii podczas drukowania lub pakowania.

5.2.2 Główne przyczyny stożkowego kształtu rolki folii:

Na podstawie mojego wieloletniego doświadczenia mogę wskazać kilka podstawowych przyczyn występowania tego zjawiska:

1. Nierównoległe ustawienie rolek prowadzących oraz wałów nawijających.

Główna przyczyna, która bardzo często występuje na liniach produkcyjnych. Nawet minimalne odchylenie od równoległości rolek prowadzących i wału nawijającego powoduje nierówne naprężenie folii na jej szerokości, co skutkuje powstawaniem stożkowego kształtu rolki.

2. Niewłaściwe ustawienie siły naciągu (napięcia folii)

Jeśli napięcie folii nie jest precyzyjnie dobrane, jedna krawędź rolki jest nawijana z większym naprężeniem niż druga, co powoduje stopniowe narastanie różnicy średnicy na rolce.

3. Nierównomierna grubość folii na szerokości

Jeśli folia już wcześniej (na etapie wytłaczania) ma niewielkie różnice grubości na szerokości rękawa, podczas nawijania pojawia się nierówność w naciągu, co prowadzi do stożkowatego nawijania.

4. Złe ustawienie prowadzenia folii

Niewłaściwe kąty lub nieodpowiednie prowadzenie folii przez rolki prowadzące, które prowadzi do nierównego nawijania.

5.2.3 Szybka diagnoza problemów ze stożkowym kształtem rolki:

Przedstawiam Ci sprawdzone przeze mnie metody diagnozy, które pozwolą Ci szybko i trafnie znaleźć przyczynę problemu:

- **Kontrola wizualna rolki folii:**
  Regularne obserwacje kształtu rolki już podczas nawijania pozwalają na wczesne wykrycie objawów stożkowatości.
- **Kontrola równoległości rolek prowadzących i wałów nawijających:**

Używanie prostych narzędzi pomiarowych (poziomice, mierniki laserowe) umożliwia szybką diagnozę ewentualnych odchyleń.

- **Kontrola siły naciągu folii:**
  Regularne używanie mierników naprężenia folii pozwala wykryć nierównomierny naciąg i szybko reagować na odchylenia.
- **Pomiary grubości folii:**
  Kontrola grubości folii na szerokości rękawa pozwala ocenić, czy problem nie wynika z wcześniejszych etapów produkcji.

5.2.4 Korekty ustawień procesu produkcyjnego:

Z mojego doświadczenia wynika, że poniższe metody korekty są szczególnie skuteczne w eliminowaniu stożkowego kształtu rolki folii:

1. Precyzyjna regulacja równoległości rolek prowadzących i wałów nawijających:
Dokładne ustawienie rolek prowadzących i wałów nawijających, aby wszystkie elementy były idealnie równoległe względem siebie. Regularne kalibrowanie i pomiary pozwalają uniknąć większości problemów związanych ze stożkowatością.

2. Optymalizacja napięcia (naciągu) folii:
Dokładne dopasowanie siły naprężenia folii - naciąg powinien być minimalny, lecz wystarczający do stabilnego prowadzenia folii. Warto zastosować automatyczne regulatory napięcia, które zapewniają jednolite naprężenie na całej szerokości folii.

3. Eliminacja nierównomiernej grubości folii:
Szybkie korekty ustawień wytłaczarki, pierścienia chłodzącego oraz głowicy, by zapewnić równomierną grubość folii na całej szerokości. Pomocne jest regularne monitorowanie grubości folii już na etapie produkcji rękawa.

4. Korekta geometrii prowadzenia folii:
Ustawienie optymalnych kątów prowadzenia folii oraz regularne czyszczenie i konserwacja rolek prowadzących, aby zapewnić stabilne warunki prowadzenia materiału na etapie nawijania.

5.2.5 Skuteczne strategie zapobiegania stożkowatości rolek:

Aby zapobiegać problemom ze stożkowym kształtem rolek, rekomenduję wdrożenie następujących działań prewencyjnych:

- **Regularne szkolenia operatorów:**
  Szkolenia z prawidłowego ustawiania układu prowadzenia i nawijania folii oraz wczesnego rozpoznawania pierwszych symptomów nieprawidłowości.
- **Systematyczne pomiary równoległości elementów prowadzących:**
  Regularne kontrole geometrii rolek prowadzących i wałów nawijających, które zapobiegają powstawaniu odchyleń prowadzących do stożkowatości.
- **Ciągły monitoring parametrów naciągu folii:**
  Stosowanie mierników naciągu (dynamometrów/tensometrów) pozwala szybko korygować nierówności napięcia folii.
- **Regularna kontrola jakości folii:**
  Kontrola grubości folii na szerokości (mikrometry,

systemy pomiarowe), ocena jednorodności struktury oraz stabilności parametrów z wcześniejszych etapów produkcji. Dokładny pomiar grubości i kontrola równomierności folii pomaga wyeliminować problemy, które później ujawniają się podczas nawijania.

5.2.6 Typowe błędy operatorów i technologów - jak ich skutecznie unikać?

Z mojego doświadczenia najczęściej spotykane błędy to:

- **Ignorowanie regularnej kontroli równoległości rolek prowadzących:**

  Operatorzy często zakładają, że elementy linii są dobrze ustawione i pomijają rutynowe pomiary.

  Rozwiązanie: Wprowadzenie obowiązkowych, regularnych kontroli równoległości i odpowiedzialności operatorów za ich wykonanie.

- **Zbyt późna reakcja na nierówny naciąg folii:**

  Operatorzy nie zawsze reagują na pierwsze objawy nierównego naprężenia, co prowadzi do poważniejszych konsekwencji jakościowych.

  Rozwiązanie: stopniowa korekta parametrów przy zauważeniu nawet niewielkich odchyleń naprężenia folii.

- **Zaniedbywanie kontroli jakości folii na wcześniejszych etapach:**

Zbyt rzadkie kontrole grubości folii podczas produkcji prowadzą do powstawania nierównomiernej grubości, która powoduje stożkowatość rolek.

Rozwiązanie: Regularne pomiary grubości folii już na etapie chłodzenia i spłaszczania rękawa foliowego.

5.2.7 Podsumowanie

Stożkowy kształt rolki folii to powszechny problem, który możesz skutecznie wyeliminować dzięki odpowiednim procedurom konserwacji, regularnym pomiarom i precyzyjnej regulacji parametrów nawijania. Wdrażając opisane przeze mnie metody i praktyki produkcyjne, osiągniesz znaczną poprawę jakości Twoich wyrobów, minimalizację odpadów produkcyjnych i przewidywalność jakości. Warto stosować przedstawione tu rozwiązania systematycznie, ponieważ ich regularne wdrażanie poprawia stabilność nawijania i ogranicza ryzyko reklamacji.

5.3 Uszkodzenia rolek folii w transporcie - przyczyny, diagnoza i prewencja

W praktyce uruchamiania i optymalizowania linii produkcyjnych często spotykam się z przypadkami, w których uszkodzenia folii ujawniają się dopiero na etapie transportu wewnętrznego lub zewnętrznego. Należy przy tym jasno zaznaczyć, że folia polietylenowa nie wykazuje kruchego pękania w warunkach przemysłowych, a obserwowane uszkodzenia mają charakter rozdarć inicjowanych mechanicznie. Najczęściej są one konsekwencją deformacji rolki powstałych podczas pakowania, transportu lub niewłaściwego składowania.

Nawet prawidłowo wyprodukowana folia może ulegać rozdarciom podczas rozwijania lub dalszego przetwórstwa, jeżeli rolka została wcześniej poddana punktowym naciskom, zgnieceniom lub przemieszczeniom warstw, które prowadzą do powstania lokalnych stref osłabienia w strukturze nawoju. Skutkiem takich uszkodzeń są straty jakościowe, problemy w konfekcjonowaniu oraz reklamacje zgłaszane przez klientów końcowych, często ujawniające się dopiero po dostarczeniu materiału.

W tym podrozdziale omawiam rzeczywiste przyczyny uszkodzeń rolek folii powstających w trakcie transportu, metody ich trafnej diagnozy oraz praktyczne działania prewencyjne, które pozwalają ograniczyć ryzyko rozdarć folii ujawniających się po zakończeniu procesu produkcyjnego.

5.3.1 Jak rozpoznać uszkodzenia folii powstające podczas transportu i magazynowania?

Uszkodzenia powstające na etapie transportu i magazynowania dotyczą przede wszystkim rolki jako układu warstw, a nie samego materiału PE. Rolka stanowi układ wielu nawiniętych warstw folii, w którym punktowe naciski i uderzenia nie zawsze powodują trwałe uszkodzenie warstw zewnętrznych, lecz przenoszą się do wnętrza nawoju, prowadząc do lokalnych kompresji i deformacji nawoju.

W efekcie folia może wyglądać poprawnie na zewnątrz, natomiast w głębszych warstwach powstają zagniecenia lub deformacje, które ujawniają się dopiero podczas rozwijania lub konfekcjonowania.

Najbardziej charakterystyczne sygnały takich uszkodzeń to:

- ciągły ślad kompresji w przekroju rolki - spowodowany wcześniejszym naciskiem lub zgnieceniem,
- punktowe wgniecenie lub zgniecenie przechodzące przez wiele warstw rolki,
- rozdarcie folii zawsze w tej samej strefie szerokości, mimo prawidłowych ustawień linii,
- nierówny naciąg folii podczas rozwijania - folia „trzyma" w jednym miejscu z powodu deformacji warstw,
- wyczuwalny uskok lub lokalna zmiana kształtu rolki po zdjęciu zabezpieczeń transportowych.

Tego typu objawy nie są bezpośrednim skutkiem parametrów procesu rozdmuchu, chłodzenia ani stabilizacji balonu. Oznaczają, że rolka została mechanicznie zdeformowana po zakończeniu produkcji, najczęściej podczas pakowania, transportu lub niewłaściwego składowania.

5.3.2 Główne przyczyny uszkodzeń rolek folii podczas transportu

1. Punktowe zgniecenie lub kompresja rolki w trakcie przewozu

Najczęstszą przyczyną uszkodzeń jest lokalny nacisk działający na rolkę: zbyt mocne pasy transportowe, oparcie o krawędź palety, kontakt z innymi rolkami bez przekładek lub przypadkowe uderzenie podczas załadunku. Powoduje to trwałą deformację fragmentu rolki, która ujawnia się dopiero podczas rozwijania jako rozdarcie folii zawsze w tej samej części szerokości.

2. Przemieszczenia rolki podczas jazdy (drgania, uderzenia, przetaczanie)

Jeśli rolka nie została dobrze ustabilizowana, przesuwa się i uderza o ściany pojazdu, inne rolki lub elementy palety. Nawet niewielkie mikro-uderzenia prowadzą do zagniecenia warstw w jednym miejscu, co później powoduje rozdarcie folii przy odwijaniu lub na liniach pakujących u klienta.

3. Zbyt sztywne lub niewłaściwe mocowanie rolek

Nadmiernie napięty stretch, zbyt mocno zaciągnięte pasy lub brak dystansów bocznych powodują kompresję rolki już na etapie zabezpieczania. Prowadzi to do powstania liniowej strefy osłabienia, która ujawnia się **podczas dalszej obróbki folii.**

4. Ekspozycja na niską temperaturę podczas transportu lub magazynowania przejściowego

W niskiej temperaturze rolka folii staje się mniej elastyczna i bardziej podatna na deformacje mechaniczne. Każde uderzenie lub zgniecenie powoduje wtedy głębszą deformację warstw rolki. Zjawisko to dotyczy szczególnie folii o naturalnie większej sztywności, np. folii z udziałem MDPE.

5. Nieprawidłowe składowanie rolek podczas transportu i w magazynach przeładunkowych

Uszkodzenia powstają również, gdy:

- rolki ustawiono jedna na drugiej bez przekładek,
- rolki stoją pionowo bez stabilnych podpór,
- leżą na nierównym lub miękkim podłożu,
- nie mają stabilizacji bocznej.

Powoduje to trwałą kompresję wybranej strefy rolki, co po rozwinięciu objawia się jako rozdarcie folii dokładnie w miejscu powstałej deformacji.

5.3.3 Szybka diagnoza przyczyn uszkodzeń rolek folii podczas transportu

W celu szybkiego rozpoznania źródła problemu zalecam następujące działania:

Ocena stanu rolki po nawinięciu i przed pakowaniem

Jednorazowa kontrola obejmująca wygląd zewnętrzny oraz ogólną geometrię rolki pozwala natychmiast wykryć deformacje powstałe jeszcze przed transportem: lokalne zagniecenia, spłaszczenia, wgniecenia, niestabilny przekrój czy ślady kompresji. Dzięki temu łatwo określić, czy uszkodzenie powstało w produkcji, przy pakowaniu czy dopiero w logistyce.

Sprawdzenie stabilności ustawienia rolki przed wysyłką do klienta

Przed załadunkiem warto upewnić się, że rolka jest prawidłowo podparta, nie przechyla się, nie styka się bezpośrednio z innymi rolkami ani krawędziami palety oraz że ma zapewnioną stabilizację boczną. Pozwala to szybko ocenić, czy potencjalne uszkodzenia mogłyby powstać wskutek przesunięć lub uderzeń w transporcie. Dobrą praktyką jest wykonanie krótkiego zapisu kontrolnego lub zdjęcia ułożenia rolki przed wysyłką, zwłaszcza przy partiach o wyższej wartości lub przy dostawach do wymagających klientów. Taka dokumentacja ułatwia późniejszą analizę reklamacji i pozwala oddzielić błędy pakowania od uszkodzeń powstałych już podczas przewozu.

Ocena sposobu zabezpieczenia rolki (owinięcie, dystanse, przekładki)

Jeżeli zabezpieczenie jest zbyt sztywne, nierównomierne lub wykonane bez przekładek dystansowych, rolka jest narażona na kompresję jeszcze przed załadunkiem. Sprawdzenie tego elementu pozwala od razu ustalić, czy źródło uszkodzenia mogło powstać na etapie przygotowania do transportu.

5.3.4 Korekty i praktyczne rozwiązania ograniczające uszkodzenia rolek folii podczas transportu

Z mojego doświadczenia najskuteczniejsze działania korekcyjne obejmują:

1. Poprawę sposobu zabezpieczania rolek

Jeśli diagnostyka wykazała deformacje wynikające z nacisku lub przesunięć, należy zmodyfikować sposób pakowania: zastosować grubsze przekładki, piankę amortyzującą, dodatkowe dystanse boczne oraz równomierne owijanie folią stretch bez nadmiernego docisku.

2. Korektę ustawienia rolki na palecie i sposobu jej stabilizacji

Rolka powinna być ustawiona w sposób eliminujący możliwość przetaczania się, przechylania i stykania z ostrymi krawędziami. Wprowadzenie mat antypoślizgowych, klinów dystansowych lub dodatkowych podpór skutecznie zmniejsza ryzyko przemieszczania podczas transportu.

3. Regulację parametrów urządzeń pakujących

Jeżeli deformacje wskazują na kompresję powstałą podczas przygotowania do wysyłki, należy zmniejszyć siłę naciągu taśmy w bandownicy, skorygować siłę owijania folią stretch oraz zweryfikować ustawienia urządzeń zabezpieczających palety.

4. Utrzymanie odpowiednich warunków termicznych przed załadunkiem

W przypadku transportu w okresie niskich temperatur

warto przechowywać rolki w strefie dodatniej temperatury przed załadunkiem. Ogranicza to sztywność folii i zmniejsza podatność na deformacje przy przypadkowych uderzeniach i naciskach.

5.3.5 Skuteczne strategie zapobiegania uszkodzeniom rolek folii podczas transportu

Na podstawie mojej praktyki rekomenduję następujące działania prewencyjne:

- **Regularne szkolenia operatorów z zakresu prawidłowego pakowania i zabezpieczania rolek**

  Świadomość operatorów dotycząca właściwego ustawienia rolki, stosowania przekładek, dystansów oraz bezpiecznego owijania folią stretch znacząco zmniejsza ryzyko uszkodzeń powstających podczas transportu.

- **Wdrożenie procedur wizualnej kontroli rolek przed wysyłką**

  Dokładna inspekcja każdej rolki przed pakowaniem i załadunkiem - w tym sprawdzenie przekroju, braku zgniecen, stabilności ułożenia warstw - pozwala wykryć deformacje jeszcze przed transportem i uniknąć dalszych strat.

- **Regularna kalibracja i konserwacja urządzeń używanych do zabezpieczania rolek**

  Przeglądy i regulacje owijarek stretch, urządzeń do spinania taśmą oraz elementów paletowania ograniczają ryzyko mechanicznego uszkodzenia rolki na etapie przygotowania do wysyłki.

- **Zapewnienie właściwej stabilizacji rolki na palecie i w pojeździe**

  Stosowanie podpór, dystansów bocznych i zabezpieczeń antyprzesuwowych chroni rolkę przed uderzeniami, przesuwaniem oraz kontaktami z ostrymi krawędziami podczas transportu - a to właśnie te czynniki odpowiadają za większość uszkodzeń.

5.3.6 Podsumowanie

Uszkodzenia rolek folii podczas transportu wynikają przede wszystkim z czynników mechanicznych - takich jak zgniecenia, przesunięcia, wstrząsy, niewłaściwe zabezpieczenie lub nieprawidłowe ustawienie rolki na palecie. Odpowiednie pakowanie, właściwe unieruchomienie rolki, użycie przekładek i dystansów oraz prawidłowa stabilizacja ładunku znacząco ograniczają ryzyko deformacji rolki i późniejszych rozdarć folii podczas rozwijania.

Wdrożenie tych zasad pozwala minimalizować straty materiałowe i poprawia jakość dostarczanych wyrobów.

Fot. Dr Magdalena Laabs: **rolki folii po nawinięciu na linii** - stan przed pakowaniem i transportem.

ROZDZIAŁ 6

PRAKTYCZNA KONTROLA JAKOŚCI FOLII - SKUTECZNE METODY ZAPEWNIENIA WYSOKIEJ JAKOŚCI PRODUKCJI

Kontrola jakości w produkcji folii nie może ograniczać się do sprawdzenia gotowej rolki. Jej zadaniem jest wychwycenie odchyleń możliwie wcześnie - na etapie surowca, parametrów procesu, grubości folii, wilgotności, gęstości oraz stabilności właściwości materiału.

Z mojego doświadczenia wdrożeniowego wiem, że wielu operatorów, technologów i kierowników produkcji często bagatelizuje konieczność regularnej kontroli jakości, opierając się wyłącznie na doświadczeniu lub doraźnych, nieusystematyzowanych obserwacjach procesu produkcyjnego. Jednak dopiero systematycznie prowadzona, przemyślana i konsekwentna kontrola jakości pozwala na szybkie wykrycie nawet minimalnych odchyleń w parametrach folii, które mogą prowadzić do poważnych problemów jakościowych oraz reklamacji ze strony Twoich klientów. W tym rozdziale pokazuję, które pomiary i zapisy naprawdę pomagają utrzymać stabilną produkcję folii. Omówię najważniejsze testy jakościowe, ich interpretację oraz praktyczne wykorzystanie wyników do bieżącej kontroli procesu.

Dobrze prowadzona kontrola jakości pomaga szybciej wykrywać odchylenia, ograniczać odpady materiałowe i utrzymywać powtarzalne parametry folii w kolejnych partiach produkcyjnych.

Zakład produkcyjny jako środowisko wdrażania skutecznej kontroli jakości folii i stabilizacji procesu produkcyjnego.

6.1 Najważniejsze testy jakościowe folii i surowców - metody pomiarowe, interpretacja wyników i praktyczne wdrożenie na produkcji

Skuteczne zarządzanie jakością w produkcji folii metodą rozdmuchu opiera się na systemowym podejściu do pomiarów, a nie na sporadycznej kontroli wybranych parametrów. Doświadczenie z pracy w zakładach produkcyjnych pokazuje, że problemy technologiczne najczęściej ujawniają się nie dlatego, że pomiaru nie wykonano wcale, lecz dlatego, że został on dobrany niewłaściwie lub zinterpretowany bez odniesienia do rzeczywistych warunków procesu.

Dopiero świadome powiązanie wyników badań z rodzajem surowca, konstrukcją linii oraz wymaganiami odbiorcy końcowego sprawia, że kontrola jakości przestaje pełnić funkcję wyłącznie formalną i zaczyna realnie wspierać stabilność produkcji. Poniżej omówione zostały testy jakościowe, które w codziennej praktyce przemysłowej pozwalają wcześnie identyfikować odchylenia procesowe oraz podejmować trafne decyzje technologiczne bez konieczności zatrzymywania linii.

6.1.1 Najważniejsze testy jakościowe folii i surowców, które należy regularnie przeprowadzać

Na podstawie moich doświadczeń rekomenduję wdrożenie następujących testów jakościowych jako rutynowych działań kontrolnych:

1. Pomiar grubości folii

Grubość folii jest jednym z podstawowych parametrów jakościowych, który bezpośrednio wpływa na właściwości mechaniczne, estetykę oraz przydatność folii do dalszej obróbki.

Fot. Automatyczny pomiar i regulacja grubości folii

Metoda pomiarowa:

Pomiar należy wykonywać regularnie za pomocą precyzyjnych mierników grubości - mikrometrów elektronicznych lub automatycznych urządzeń ultradźwiękowych, które pozwalają na szybkie i dokładne określenie grubości folii na całej szerokości rękawa. Najlepiej w kilku punktach pomiarowych.

Interpretacja wyników:

- Różnice w grubości większe niż ±5% mogą wskazywać na błędy w ustawieniu głowicy lub parametrach procesu chłodzenia.
- Powtarzalne miejscowe cienkie lub grube miejsca sygnalizują problem z równomiernym rozprowadzaniem tworzywa.

Praktyczne wdrożenie:

Regularne pomiary grubości i ich rejestrowanie pozwalają Ci natychmiast reagować na nieprawidłowości produkcyjne i utrzymać wysoką stabilność procesu.

2. Testowanie wskaźnika płynięcia surowca, MFI (Melt Flow Index)

Testy wskaźnika płynięcia MFI pozwalają na precyzyjną kontrolę parametrów używanych surowców, co przekłada się bezpośrednio na jakość wytwarzanej folii.

MFI - metoda pomiarowa:

Testy MFI należy regularnie wykonywać za pomocą plastometrów. Pomiar pozwala na określenie właściwości płynięcia granulatu, co umożliwia dokładne ustawienie parametrów procesu (temperatura wytłaczania, prędkość ślimaka). W praktyce przemysłowej regularne pomiary MFI pozwalają podejmować decyzje technologiczne w oparciu o dane, a nie o przypuszczenia. Własny plastometr w zakładzie skraca czas reakcji na zmiany jakości surowca i ogranicza ryzyko strat produkcyjnych. To narzędzie, które realnie zwiększa kontrolę nad procesem i stabilność jakości wyrobu.

Interpretacja wyników badania MFI:

- **Niskie wartości MFI świadczą o wysokiej lepkości tworzywa** - wymagają wyższej temperatury lub mniejszej prędkości ślimaka.
- **Zbyt wysokie wartości MFI mogą wskazywać na zwiększoną płynność granulatu**, co wymaga korekty ustawień procesu.

Laboratorium Rolbatch Engineering w Niemczech - **badanie MVR granulatu LDPE foliowego na plastometrze Rolbatch RBH2**

Praktyczne wdrożenie:

Regularne testy MFI pozwalają Ci uniknąć problemów związanych z niestabilnością wytłaczania - takich jak pulsacje, zmienność grubości folii czy niestabilność balonu - wynikających ze stosowania surowca o nieodpowiedniej lepkości, szczególnie przy zmiennych partiach surowca.

3. Pomiar zawartości wilgoci w granulacie

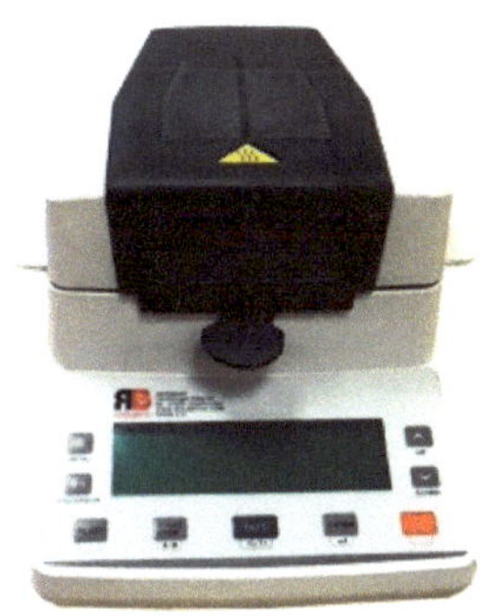

Wilgoć obecna w surowcu może prowadzić do powstawania defektów jakościowych, takich jak pęcherzyki, wady powierzchniowe czy niestabilność procesu wytłaczania. Zjawisko to ma szczególne znaczenie w przypadku folii wielowarstwowych, w których oprócz polietylenu (PE) występują warstwy barierowe lub funkcjonalne, takie jak poliamid (PA) i EVOH, będące materiałami higroskopijnymi i wrażliwymi na zawilgocenie.

W przypadku polietylenu (LDPE, LLDPE, MDPE, HDPE) należy podkreślić, że materiał ten nie jest higroskopijny i nie absorbuje wilgoci do swojej struktury.

Problemy związane z wilgocią w procesie wytłaczania folii PE wynikają przede wszystkim z:

- wilgoci powierzchniowej granulatu,
- zawilgoconych regranulatów,
- surowców po myciu wodnym,
- wilgotnych dodatków lub zanieczyszczeń w mieszance.

Metoda pomiarowa

Regularne stosowanie wilgotnościomierzy pozwala na szybkie określenie zawartości wilgoci w granulacie jeszcze przed podaniem surowca do wytłaczarki. Ułatwia to wczesną identyfikację problemów surowcowych i ogranicza ryzyko defektów w procesie wytłaczania.

Interpretacja wyników

Dla polietylenu (LDPE, LLDPE, MDPE, HDPE) zawartość wilgoci jest ograniczona do wilgoci powierzchniowej i nie powinna przekraczać około 0,05-0,1%. Surowiec ten nie jest higroskopijny i nie absorbuje wody do wnętrza struktury, dlatego w normalnych warunkach magazynowania nie wymaga suszenia. Kontrola wilgotności ma znaczenie głównie w przypadku surowców z recyklingu tj. po myciu lub materiałów narażonych na kontakt z wodą.

Szczególną uwagę należy zwrócić na:

- regranulaty,
- surowce po myciu,
- struktury wielowarstwowe zawierające PA lub EVOH.

Podwyższona wilgotność w tych przypadkach może prowadzić do powstawania pęcherzy, niestabilności przepływu stopu, zaburzeń adhezji międzywarstwowej oraz wad powierzchniowych gotowej folii.

Praktyczne wdrożenie

Regularne testy wilgotności granulatu pozwalają utrzymać stabilny proces produkcji i wysoką jakość folii, a także zapobiegać problemom produkcyjnym wynikającym z wilgoci obecnej w surowcu lub dodatkach.

4. Pomiar gęstości tworzywa

Gęstość tworzywa jest istotnym parametrem wpływającym na właściwości mechaniczne folii, takie jak sztywność, odporność na przebicie czy stabilność wymiarowa.

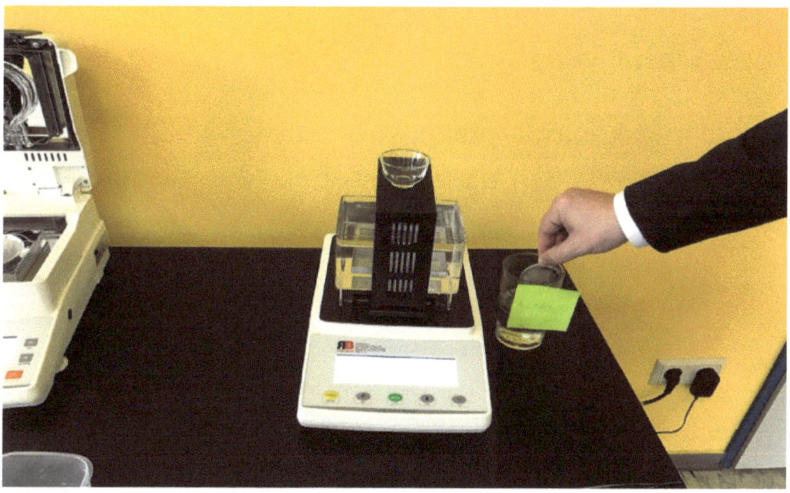

Rolbatch Eberswalde (Niemcy) – gęstościomierz Rolbatch

Parametr ten pozwala kontrolować jednorodność i powtarzalność surowca, szczególnie przy stosowaniu regranulatów oraz mieszanek surowców pierwotnych i wtórnych. Jego zmiany mogą sygnalizować różnice pomiędzy partiami materiału lub niepożądane odchylenia w składzie mieszanki.

Metoda pomiarowa

Stosowanie gęstościomierzy, które oferujemy w firmie Rolbatch, pozwala na regularną kontrolę gęstości materiału polimerowego. Ułatwia szybkie wykrycie odchyleń surowca.

Interpretacja wyników

Zmiany gęstości tworzywa mogą wskazywać na zmianę składu materiału lub jakości surowca, co wymaga weryfikacji parametrów procesu lub ponownego doboru surowca.

Praktyczne wdrożenie

Regularna kontrola gęstości tworzywa umożliwia optymalne dostosowanie parametrów wytłaczania do używanych materiałów.

6.1.2 Jak skutecznie wdrożyć praktyczne testy jakościowe?

Z mojego doświadczenia wynika, że wdrożenie systematycznych testów jakościowych wymaga:

- Wyznaczenia osób odpowiedzialnych za regularne przeprowadzanie testów.
- Stworzenia prostych formularzy lub arkuszy elektronicznych do dokumentowania wyników testów.
- Systematycznych szkoleń operatorów i technologów z zakresu interpretacji wyników oraz szybkiej reakcji na odchylenia jakościowe.

6.1.3 Typowe błędy podczas kontroli jakości - jak ich skutecznie unikać?

- **Zbyt rzadkie wykonywanie testów jakościowych:**

  Regularne testy pozwalają na wczesne wykrycie problemów. Brak regularności powoduje poważne konsekwencje.

  Rozwiązanie: Wprowadzenie obowiązkowego harmonogramu regularnych testów jakościowych.

- **Brak dokumentowania wyników testów:**

  Prowadzi do braku możliwości analizowania i porównywania danych.

  Rozwiązanie: Regularne zapisywanie wyników testów w systemie dokumentacji jakościowej.

- Bagatelizowanie wyników pomiarów:

  Operatorzy czasami ignorują wyniki testów, zakładając, że nie mają one kluczowego znaczenia.

  Rozwiązanie: Regularne szkolenia z zakresu znaczenia wyników testów jakościowych i konieczności szybkiej reakcji na odchylenia.

6.1.4 Podsumowanie

Przeprowadzanie regularnych testów jakościowych folii, takich jak pomiary grubości, MFI, wilgotności i gęstości granulatu, jest kluczowe dla zapewnienia stabilnej jakości Twojej produkcji. Wdrożenie opisanych praktycznych metod kontroli jakości oraz konsekwentne przestrzeganie procedur pozwala szybciej wykrywać problemy, optymalizować proces produkcji, utrzymać stabilną jakość wyrobów oraz ograniczyć ryzyko odchyleń i reklamacji.

6.2 Metody kontroli jakości folii - przykłady z praktyki wdrożeniowej

Same pomiary nie wystarczą, jeśli ich wyniki nie są zapisywane, analizowane i wykorzystywane do korekty procesu. W praktyce kontrola jakości ma sens dopiero wtedy, gdy operatorzy i technolodzy wiedzą, co mierzyć, kiedy reagować i jak powiązać wynik badania z zachowaniem folii na linii.

6.2.1 Dlaczego regularna kontrola jakości jest kluczowa?

Jako technolog z wieloletnim doświadczeniem, wielokrotnie obserwowałam, jak brak regularnej kontroli jakości powoduje poważne problemy produkcyjne, reklamacje klientów oraz wzrost ilości odpadów. Regularna kontrola jakości to nie tylko sposób na wczesne wykrycie potencjalnych problemów, ale także narzędzie umożliwiające szybkie reagowanie, poprawę efektywności procesu produkcji i minimalizację strat materiałowych oraz ekonomicznych. Pozwala ona również jednoznacznie odróżnić problemy wynikające z parametrów procesu od tych, które mają swoje źródło w surowcu lub organizacji produkcji.

6.2.2 Metody kontroli jakości folii, które wdrożyłam w praktyce:

Poniżej opisuję metody kontroli jakości, które wdrożyliśmy w zakładach produkcji folii w ramach projektów realizowanych przez moją firmę Rolbatch. Są to rozwiązania oparte na praktyce przemysłowej, dające wymierne korzyści.

1. Rutynowe pomiary grubości folii na linii produkcyjnej

Metoda: regularne pomiary grubości folii za pomocą elektronicznych mierników (np. cyfrowe mikrometry) dokonywane co godzinę podczas produkcji.

Praktyczne wdrożenie: w jednym z zakładów, z którymi współpracowałam, operatorzy prowadzili dokumentację wyników pomiarów grubości w specjalnych kartach jakości, analizowanych na koniec każdej zmiany przez technologów. Dzięki temu w ciągu kilku tygodni udało nam się skutecznie zredukować ilość problemów związanych z nierównomierną grubością folii o ponad 50%.

2. Regularne testowanie wskaźnika płynięcia surowca, MFI

Metoda: systematyczne wykonywanie pomiarów wskaźnika płynięcia granulatu przy użyciu plastometrów. Pomiary wykonywane są każdorazowo przy zmianie partii surowca oraz regularnie raz na tydzień podczas produkcji seryjnej.

Praktyczne wdrożenie: w jednej z firm, które wspierałam we wdrożeniu produkcji folii, rutynowe pomiary MFI pozwoliły nam zidentyfikować zmienność parametrów surowców dostarczanych przez różnych dostawców. Dzięki regularnym testom mogliśmy precyzyjnie dopasować parametry procesu produkcyjnego (temperaturę, prędkość ślimaka), co pozwoliło znacznie zmniejszyć ilość odpadów produkcyjnych oraz ustabilizować jakość produktu końcowego.

3. Systematyczne testowanie zawartości wilgoci w tworzywie sztucznym

Metoda: regularne pomiary zawartości wilgoci przy użyciu wilgotnościomierzy Rolbatch, szczególnie przy korzystaniu z regranulatów lub po dłuższych przerwach produkcyjnych.

Praktyczne wdrożenie: wprowadziłam ten system w jednym z dużych zakładów produkujących folie opakowaniowe. Rutynowe testy pozwoliły nam zauważyć, że zwiększona zawartość wilgoci w regranulacie po myciu powodowała powstawanie pęcherzyków i niestabilność procesu. Dzięki regularnej kontroli wilgotności i suszeniu granulatu zredukowaliśmy ilość reklamacji do minimum.

4. Regularne badania gęstości używanego tworzywa sztucznego

Metoda: wykonywanie pomiarów gęstości granulatu za pomocą gęstościomierzy (które oferujemy w Rolbatch) co najmniej raz na tydzień lub przy zmianie dostawcy granulatu.

Praktyczne wdrożenie: w jednym z zakładów wdrożyłam system regularnych testów gęstości materiału, co pozwoliło nam na bieżąco monitorować zgodność dostarczanego materiału z ustalonymi standardami. Dzięki temu mogliśmy szybko wykrywać problemy materiałowe i w porę reagować, minimalizując ryzyko wytwarzania folii niespełniającej oczekiwań klientów.

6.2.3 Przykłady praktycznych procedur kontroli jakości, które możesz wdrożyć na produkcji:

Na podstawie mojej praktyki rekomenduję wdrożenie poniższych procedur, które skutecznie zapewnią wysoką jakość Twojej produkcji:

- **Codzienne prowadzenie kart kontroli jakości:**
  Operatorzy codziennie dokumentują wyniki wszystkich testów jakościowych (grubość, MFI, wilgotność, gęstość), a technolog regularnie dokonuje analizy tych danych.
- **Regularne spotkania jakościowe:**
  Cotygodniowe spotkania technologów, operatorów oraz kierowników produkcji, podczas których omawiane są wyniki kontroli jakości oraz ewentualne problemy produkcyjne.
- **Regularne szkolenia operatorów w zakresie kontroli jakości:**
  Systematyczne szkolenia dla operatorów z zakresu wykonywania testów jakościowych i interpretacji ich wyników.

6.2.4 Typowe błędy podczas wdrażania kontroli jakości - jak ich skutecznie unikać?

Na podstawie moich obserwacji najczęściej popełniane błędy to:

- **Brak regularności w wykonywaniu testów jakościowych:**

  Operatorzy wykonują testy jakościowe nieregularnie lub tylko w przypadku poważnych problemów.

  Rozwiązanie: wdrożenie obowiązkowego harmonogramu codziennych lub cotygodniowych testów jakościowych.

- **Niedokładne dokumentowanie wyników testów:**

  Brak dokumentacji wyników pomiarów jakościowych utrudnia analizę danych i uniemożliwia efektywną reakcję na problemy.

  Rozwiązanie: wprowadzenie prostej i wygodnej dokumentacji elektronicznej wyników testów jakościowych.

- **Zaniedbanie szkoleń operatorów z zakresu kontroli jakości:**

  Brak regularnych szkoleń prowadzi do błędów w wykonywaniu pomiarów jakościowych i nieumiejętnej interpretacji wyników.

  Rozwiązanie: Regularne, praktyczne szkolenia operatorów oraz technologów produkcji.

6.2.5 Podsumowanie

Kontrola jakości folii staje się skuteczna dopiero wtedy, gdy pomiary są wykonywane regularnie, a wyniki są wykorzystywane do realnych decyzji technologicznych.

Systematyczne dokumentowanie wyników i ich analiza pozwalają szybciej wychwycić odchylenia, ograniczyć odpady materiałowe oraz utrzymać powtarzalną jakość wyrobów. Z perspektywy projektów realizowanych przez moją firmę inżynieryjną konsekwentne wdrożenie tych praktyk przekłada się na stabilniejszy proces i mniejszą liczbę odchyleń jakościowych.

6.3 Listy kontrolne jakości - praktyczne narzędzia wspierające proces produkcji folii

Po omówieniu najważniejszych testów jakościowych folii warto przejść do narzędzi, które pomagają wykonywać je regularnie i w uporządkowany sposób. Jednak nawet najlepiej zaplanowane i wykonane pomiary jakościowe nie przyniosą oczekiwanych efektów, jeśli nie są realizowane w sposób regularny, uporządkowany i zintegrowany z codziennymi obowiązkami operatorów maszyn i technologów. W praktyce dobrze sprawdzają się listy kontrolne produkcyjne, ponieważ ułatwiają wdrożenie powtarzalnego systemu kontroli jakości.

Listy kontrolne jakości pomagają utrzymać powtarzalność kontroli i ograniczają ryzyko pominięcia ważnych czynności. Ułatwiają operatorom i technologom szybkie reagowanie na problemy oraz dokumentowanie działań jakościowych.

W tym miejscu opiszę Ci, jak opracować i skutecznie wdrożyć praktyczne listy kontrolne jakości, które pozwolą Ci utrzymać powtarzalną jakość Twojej produkcji oraz znacząco ograniczyć ilość odpadów i reklamacji.

6.3.1 Dlaczego listy kontrolne jakości są potrzebne?

Przez wiele lat mojej praktyki zawodowej zauważyłam, że największą słabością kontroli jakości na produkcji nie jest brak wiedzy technologicznej operatorów czy brak urządzeń pomiarowych, ale przede wszystkim brak systematyczności oraz ustandaryzowania działań. Listy kontrolne jakości pomagają uniknąć tego problemu, wspierając powtarzalność, regularność oraz dokładność kontroli na każdym etapie produkcji.

Listy kontrolne jakości spełniają kilka istotnych funkcji:

- Zapewniają rutynową i regularną kontrolę jakości kluczowych parametrów procesu.
- Ułatwiają operatorom szybką diagnozę i reakcję na ewentualne problemy produkcyjne.
- Pozwalają na dokumentowanie wyników pomiarów i bieżącą analizę jakości produkcji.
- Służą jako narzędzie komunikacji między operatorami, technologami i kierownikami produkcji.

6.3.2 Co powinno znaleźć się w dobrze skonstruowanej liście kontrolnej jakości?

Aby Twoja lista kontrolna jakości była skutecznym narzędziem produkcyjnym, powinna zawierać poniższe elementy. Ich układ powinien być prosty, jednoznaczny i możliwy do zastosowania bezpośrednio na stanowisku pracy.

1. **Nazwa stanowiska i data pomiaru**
   Jasne określenie stanowiska produkcyjnego

oraz miejsca na wpisanie daty i godziny pomiaru ułatwia późniejszą analizę danych.

2. **Lista parametrów jakościowych**
   Konkretnie wskazane parametry jakościowe, które należy regularnie kontrolować (np. grubość folii, wskaźnik płynięcia MFI, wilgotność granulatu, temperatura stopu tworzywa), istotne dla stabilności procesu.
3. **Zakres tolerancji dla każdego parametru**
   Jasno określone minimalne i maksymalne dopuszczalne wartości dla każdego parametru umożliwiają operatorom szybką reakcję na odchylenia.
4. **Miejsce na zapis wyników pomiarów**
   Przejrzysta forma tabelaryczna umożliwia regularne i szybkie dokumentowanie wyników kontroli oraz ich porównywanie.
5. **Przejrzyste instrukcje postępowania w przypadku odchyleń.**
   Konkretne działania, które operator powinien podjąć natychmiast, gdy pomiar wykracza poza zakres tolerancji (np. korekta ustawień temperatury, wymiana pakietu sit, zgłoszenie problemu technologowi).
6. **Miejsce na uwagi i komentarze**
   Opcjonalna przestrzeń, w której operator może odnotować dodatkowe informacje lub zaobserwowane symptomy, które mogą być istotne dla dalszej diagnozy problemów jakościowych.

6.3.3 Przykład praktycznej listy kontrolnej jakości (fragment):

Parametr jakościowy	Zakres tolerancji	Wynik pomiaru	Korekta (tak/nie)	Uwagi
Grubość folii (µm)	50 ± 5			
Temperatura stopu (°C)	180-195			
Wskaźnik płynięcia MFI (g/10 min)	1,8-2,2			
Wilgotność granulatu (%)	< 0,1			
Stan sit filtracyjnych (ciśnienie na filtrze, bar)	< 250			
Stan rolek prowadzących (czyste, bez uszkodzeń)	OK			

Pełne listy kontrolne znajdziesz w kursie online w Rolbatch Academy „Optymalizacja procesów produkcji folii - jak radzić sobie z typowymi problemami" (BLFIL-P4-1004).

6.3.4 Znaczenie dokumentowania parametrów procesu w rozwiązywaniu problemów

W praktyce przemysłowej skuteczne rozwiązywanie problemów w wytłaczaniu folii metodą rozdmuchu wymaga nie tylko wiedzy technicznej, ale również **systematycznego podejścia do obserwacji i dokumentowania procesu.** Wiele usterek, które pojawiają się pozornie „bez przyczyny", jest w rzeczywistości efektem stopniowych zmian parametrów, jakości surowca lub warunków pracy linii, które nie zostały wcześniej zapisane.

Dlatego coraz więcej zakładów prowadzi **dzienniki procesu, w których rejestrowane są kluczowe parametry wytłaczania, wyniki badań surowca, obserwacje operatorów oraz podjęte działania korygujące.** Taki dziennik pozwala analizować problemy w ujęciu czasowym, porównywać partie surowca, szybciej identyfikować źródła niestabilności i podejmować decyzje w oparciu o fakty, a nie domysły. Systematyczne zapisy stają się wówczas nie tylko narzędziem rozwiązywania problemów, lecz także elementem zapobiegania ich powstawaniu.

W **Rolbatch Academy** dostępne są opracowane przeze mnie notebooki do uporządkowanego dokumentowania parametrów procesu, wyników badań surowca i obserwacji produkcyjnych, zgodnie z podejściem opisanym w tym rozdziale. **www.rolbatch.eu/ksiazki**

ROZDZIAŁ 7

DODATKI FUNKCJONALNE I ROZWIĄZANIA TECHNOLOGICZNE POPRAWIAJĄCE JAKOŚĆ FOLII

Po omówieniu typowych problemów jakościowych, stabilności balonu, uszkodzeń mechanicznych, nawijania i kontroli jakości możemy przejść do dodatków, które pomagają poprawić właściwości folii oraz stabilność procesu. W praktyce produkcyjnej samo unikanie błędów nie wystarcza. Coraz częściej konieczne jest uzyskanie określonych właściwości użytkowych folii, takich jak lepsza zgrzewalność, mniejsza skłonność do blokowania, wyższa odporność mechaniczna, stabilność UV lub odpowiednie właściwości poślizgowe.

W takich sytuacjach znaczenie mają odpowiednio dobrane dodatki funkcjonalne oraz świadome prowadzenie procesu. W tym rozdziale omawiam dodatki, z którymi spotykałam się podczas wdrożeń w zakładach produkcyjnych. Pokazuję, kiedy warto rozważyć ich zastosowanie, jak dobierać je do rodzaju folii oraz na co zwrócić uwagę przy wdrażaniu, aby nie poprawić jednej właściwości kosztem innej.

7.1 Najpopularniejsze dodatki poprawiające jakość folii - praktyczny przewodnik po zastosowaniach

Od ponad 20 lat zajmuję się wdrażaniem technologii i uruchamianiem linii technologicznych między innymi do produkcji folii metodą rozdmuchu. W tym czasie zauważyłam, jak ogromną rolę w jakości produkowanej folii odgrywają właściwie dobrane dodatki funkcjonalne. Dzięki odpowiednim dodatkom możesz szybko i skutecznie poprawić właściwości użytkowe folii, zredukować ilość odpadów produkcyjnych oraz wyeliminować typowe problemy zgłaszane przez Twoich klientów.

Zanim przedstawię Ci szczegóły dotyczące poszczególnych dodatków, chciałabym podkreślić, że nie każdy dodatek jest potrzebny w każdej sytuacji. Warto je wdrażać świadomie i na podstawie realnych potrzeb produkcyjnych, szczególnie biorąc pod uwagę konkretne wymagania Twoich klientów.

W tym rozdziale szczegółowo przedstawię Ci charakterystykę najważniejszych dodatków funkcjonalnych, wyjaśnię Ci, jak działają oraz w jakich sytuacjach przemysłowych warto je stosować. Dzięki temu będziesz w stanie lepiej ocenić, które dodatki są najbardziej wartościowe dla Twojej produkcji, i skutecznie je wdrożyć w praktyce.

7.1.1 Antyblokery - przeciw sklejaniu się warstw folii

Antyblokery to dodatki mające na celu zapobieganie sklejaniu się kolejnych warstw folii, zarówno podczas nawijania, magazynowania, jak i konfekcjonowania. Ich skuteczność polega na tworzeniu mikrochropowatości powierzchni folii, co ogranicza kontakt międzywarstwowy i pozwala łatwo rozwijać folię z rolki.

Najczęściej stosowane antyblokery to:

- **Krzemionka syntetyczna:** Najbardziej popularny antybloker stosowany w produkcji folii PE i PP. Krzemionka zapewnia bardzo dobrą skuteczność antyblokowania przy właściwym doborze dawki i rodzaju folii przy zachowaniu bardzo wysokiej przejrzystości folii. Typowe dawkowanie to od 0,5% do 2,5% wagowych, zależnie od typu folii i aplikacji.
- **Ziemia okrzemkowa (diatomit):** Popularna ze względu na relatywnie niską cenę. Może jednak powodować lekkie zmętnienie folii, co jest akceptowalne w przypadku folii technicznych.
- **Talk**: Najbardziej ekonomiczny dodatek antyblokujący. Często stosowany w mniej wymagających aplikacjach, takich jak folie budowlane czy techniczne.

Podczas wdrażania linii technologicznej do produkcji folii opakowaniowej zarekomendowałam zastosowanie krzemionki syntetycznej w dawce 1,5%. W efekcie udało się niemal całkowicie wyeliminować reklamacje związane z trudnościami w rozwijaniu folii u klientów końcowych.

7.1.2 Dodatki poślizgowe - poprawa właściwości poślizgowych folii

Dodatki poślizgowe redukują współczynnik tarcia powierzchni folii. Dzięki temu folia swobodnie przesuwa się po rolkach prowadzących i maszynach pakujących. Ich zastosowanie pozwala wyeliminować problemy z zacinaniem się folii oraz ułatwia jej konfekcjonowanie i dalszą obróbkę.

Najczęściej stosowane dodatki poślizgowe:

- **Oleamid:** Najczęściej stosowany w foliach PE i PP[1]. Skutecznie redukuje tarcie, poprawiając przesuwność folii na liniach automatycznych.
- **Erucamid** (amid kwasu erukowego): Ma silniejszy efekt poślizgowy niż oleamid, stosowany w bardziej wymagających aplikacjach folii stretch i folii technicznych.

---

[1] **Folie PP** najczęściej wytwarza się innymi technologiami niż wytłaczanie folii metodą rozdmuchu, przede wszystkim jako **folie CPP** (Cast Polypropylene - folia polipropylenowa wylewana, formowana przez głowicę szczelinową i chłodzona na walcu) albo **BOPP** (Biaxially Oriented Polypropylene - **folia polipropylenowa orientowana dwuosiowo**, czyli rozciągana w kierunku wzdłużnym i poprzecznym). W tej książce PP pojawia się wyłącznie jako odniesienie do szerszej praktyki stosowania dodatków poślizgowych w foliach poliolefinowych, a nie jako standardowy surowiec do produkcji folii metodą rozdmuchu.

Typowe dawkowanie dodatków poślizgowych mieści się w zakresie 0,1-1%, zależnie od wymaganych parametrów tarcia oraz rodzaju folii. W jednym z wdrożeń zastosowaliśmy oleamid w dawce 0,5%, co pozwoliło obniżyć współczynnik tarcia folii i wyeliminować zacinanie na liniach automatycznego pakowania. Dzięki temu praca linii stała się stabilniejsza, a liczba reklamacji związanych z przesuwnością folii praktycznie zniknęła.

W produkcji folii stosuje się przede wszystkim gotowe koncentraty poślizgowe w formie granulatu, które są łatwe do dozowania, zapewniają równomierne działanie i stabilne parametry poślizgu. Ja zwykle zalecam stosowanie grawimetrycznych systemów dozowania surowców, dodatków funkcjonalnych i barwników. Pozwala to utrzymać powtarzalny efekt poślizgowy i uniknąć wahań parametrów w kolejnych partiach produkcyjnych.

Mechanizm działania - migracja dodatku poślizgowego na powierzchnię folii (tzw. blooming[2])

Dodatki poślizgowe działają poprzez stopniową migrację substancji z wnętrza folii na jej powierzchnię. Po przetworzeniu surowca dodatek nie pozostaje równomiernie rozłożony w całej objętości - po pewnym czasie zaczyna „wychodzić" na powierzchnię folii. Jest to zjawisko zamierzone i konieczne do uzyskania efektu poślizgowego. Na powierzchni tworzy cienką warstwę o niższym tarciu, która zmniejsza przywieranie folii do rolek prowadzących oraz kolejnych warstw na rolce. Intensywność i

[2] **Blooming** - termin określający migrację dodatków niskocząsteczkowych na powierzchnię folii po przetworzeniu; zjawisko zamierzone technologicznie, zachodzące w czasie i zależne od składu receptury oraz warunków procesu.

szybkość migracji zależą od rodzaju polietylenu, grubości folii i parametrów procesu.

Stabilność czasowa efektu poślizgowego

Efekt poślizgowy nie jest natychmiastowy - pełna aktywacja pojawia się zwykle po kilku godzinach od produkcji folii, a czasem dopiero po 24-48 godzinach. Wynika to z czasu potrzebnego na migrację dodatku do powierzchni.

Efekt może słabnąć po dłuższym magazynowaniu, szczególnie w warunkach podwyższonej temperatury lub przy ciasnym nawoju rolek.

Wpływ na współczynnik tarcia (COF - współczynnik tarcia)

Poziom dodatku poślizgowego bezpośrednio wpływa na COF:

- Niższy COF oznacza łatwiejsze przesuwanie się folii.
- Zbyt niski COF może powodować problemy na maszynach pakujących - folia przesuwa się zbyt łatwo, co utrudnia kontrolę naciągu.
- Zbyt wysoki COF prowadzi do zacinania, utrudnionego rozwijania i spadku prędkości linii.

Typowe problemy przy nadmiernym dawkowaniu Nadmierne stosowanie dodatków poślizgowych może powodować:

- matowienie powierzchni,
- pogorszenie jakości nadruku (słabsza adhezja farb),

- nierównomierny COF (lokalne nadmiary bloomingu),
- problemy ze zgrzewalnością,
- tłustość powierzchni folii,
- zwiększoną migrację dodatków na rolki i prowadnice, co wymaga częstszego czyszczenia linii.

7.1.3 EVA - poprawa elastyczności i zgrzewalności folii

EVA (kopolimer etylenu i octanu winylu) to dodatek, który znacząco poprawia elastyczność folii, zwiększa odporność na uszkodzenia mechaniczne oraz ułatwia zgrzewanie i obkurczanie. Jest szczególnie przydatny w produkcji folii termokurczliwych, stretch hood oraz innych specjalistycznych folii wymagających dużej elastyczności.

EVA poprawia również stabilność procesu wytłaczania poprzez redukcję naprężeń wzdłużnych w rękawie foliowym, co przekłada się na bardziej równomierną grubość folii przy wyższych prędkościach produkcyjnych. W strukturach wielowarstwowych stosuje się go głównie w warstwach zgrzewalnych i elastycznych, gdzie odgrywa kluczową rolę w zapewnieniu odpowiedniej odporności mechanicznej i trwałości wyrobu.

W zależności od rodzaju folii oraz oczekiwań klientów, stosuję EVA w dawkach od 3 do 10%.

Jeden z producentów folii stretch hood, z którym współpracowałam, zastosował EVA w dawce 7%. Efektem było wyeliminowanie problemów z rozrywaniem kapturów stretch hood podczas nakładania na paletę i późniejszej manipulacji ładunkiem, co istotnie zwiększyło stabilność zabezpieczenia palet oraz powtarzalność jakości wyrobu końcowego.

7.1.4 Stabilizatory UV - ochrona przed degradacją słoneczną

Stabilizatory UV zabezpieczają folie przed degradacją spowodowaną działaniem promieniowania słonecznego, co jest szczególnie istotne w przypadku folii rolniczych, szklarniowych i budowlanych. Ich zastosowanie ma bezpośredni wpływ na trwałość mechaniczną folii, stabilność jej właściwości optycznych oraz okres bezpiecznego użytkowania w warunkach zewnętrznych. Najczęściej stosowane są stabilizatory typu HALS (Hindered Amine Light Stabilizers), które zapewniają długotrwałą ochronę materiału przed działaniem UV. W zależności od wymagań eksploatacyjnych stosuje się również absorbery UV oraz pakiety łączące stabilizatory UV z przeciwutleniaczami (AO - antioxidants), które dodatkowo chronią tworzywo przed degradacją termiczną i utleniającą.

Typowe stężenia stabilizatorów UV w foliach rolniczych

Dobór odpowiedniego stabilizatora oraz jego ilości zależy od wymaganej żywotności folii i poziomu nasłonecznienia w miejscu jej użytkowania. W praktyce stosuje się następujące zakresy stężeń:

- 0,5-1% - folie jednosezonowe, folie uprawowe i krótkotrwałe osłony;
- 1-2% - większość folii szklarniowych stosowanych w Europie (12-24 miesiące);
- 2-3% - folie trzysezonowe, przeznaczone do pracy w regionach o wysokim poziomie promieniowania UV (np. Hiszpania, Grecja, Afryka Północna);
- >3% - stosowane sporadycznie, w warunkach ekstremalnych pod względem promieniowania słonecznego (Izrael, Australia).

Zakres 0,5-3% obejmuje zdecydowaną większość zastosowań przemysłowych i jest zgodny z praktyką stosowaną przez producentów folii szklarniowych.

Jeden z producentów folii szklarniowej, z którym współpracowałam, zwiększył zawartość stabilizatora HALS do 2%, co pozwoliło wydłużyć żywotność folii z jednego sezonu do trzech sezonów użytkowania i znacząco poprawiło konkurencyjność jego oferty.

Przykład z praktyki - niewłaściwy dobór stabilizatora UV

Znam przypadek, w którym technolog odpowiedzialny za recepturę folii założył, że ilość stabilizatora UV stosowana w foliach sprzedawanych w Europie będzie równie skuteczna u klienta w Australii. Założenie to okazało się błędne - poziom nasłonecznienia i intensywność promieniowania UV w Australii są znacznie wyższe niż w Europie. W efekcie już po dostawie pierwszych dwóch kontenerów pojawiła się reklamacja dotycząca przedwczesnej degradacji folii.

W tym czasie cztery kolejne kontenery były już w transporcie. Po ich dostarczeniu cała partia została zareklamowana, ponieważ klient słusznie zwrócił uwagę, że producent wiedział, iż folia będzie użytkowana w Australii i powinien uwzględnić odpowiednio wyższe wymagania dotyczące stabilizacji UV. Dla producenta oznaczało to znaczące straty finansowe, konieczność utylizacji oraz wymiany kilku kontenerów folii. W wielu przypadkach może to się również wiązać z utratą zaufania klienta.

Przykład ten pokazuje, jak istotne jest precyzyjne dostosowanie składu folii do rzeczywistych warunków eksploatacji oraz pełna analiza środowiska, w którym folia będzie użytkowana.

7.1.5 Antystatyki - zapobieganie elektryzowaniu się folii

Elektryzowanie się folii jest jednym z częściej spotykanych problemów w przetwórstwie polietylenu, szczególnie w produkcji folii opakowaniowych, technicznych oraz folii stosowanych w przemyśle elektronicznym.

Nagromadzone ładunki elektrostatyczne mogą powodować przyciąganie pyłu, zacinanie folii na liniach automatycznych, trudności w zgrzewaniu oraz zakłócenia pracy urządzeń konfekcjonujących. W odpowiedzi na te problemy stosuje się dodatki antystatyczne.

Najczęściej stosowane są aminy tłuszczowe oraz wybrane dodatki powierzchniowo czynne o charakterze migracyjnym, wykorzystywane jako antystatyki w foliach PE. Ich działanie polega na stopniowej migracji cząsteczek dodatku z wnętrza folii na jej powierzchnię, gdzie tworzą warstwę obniżającą rezystywność powierzchniową i ułatwiającą odprowadzanie ładunków elektrostatycznych.

W praktyce przemysłowej antystatyki stosuje się zazwyczaj w ilości 0,1-0,5%, zależnie od typu folii, wymagań klienta oraz warunków, w jakich folia będzie użytkowana. W jednym z zakładów produkujących folie opakowaniowe dla przemysłu elektronicznego zastosowanie 0,3% dodatku antystatycznego pozwoliło na wyraźne ograniczenie reklamacji związanych z elektryzowaniem podczas pakowania i konfekcjonowania.

Warto uwzględnić kilka praktycznych zależności dotyczących działania antystatyków:

- **Opóźnione działanie** - pełny efekt antystatyczny pojawia się dopiero po migracji dodatku na powierzchnię folii, co trwa od kilku godzin do nawet 24-48 godzin po produkcji. Dlatego ocenę skuteczności należy wykonywać po ustabilizowaniu się warunków powierzchniowych, a nie bezpośrednio na linii.
- **Wpływ wilgotności** - antystatyki działają skuteczniej w środowisku o wyższej wilgotności względnej. W bardzo suchych magazynach ich działanie może być osłabione, co warto uwzględniać przy produkcji folii na eksport do krajów o klimacie suchym.
- **Efekt uboczny zbyt wysokiej dawki** - nadmierna ilość antystatyka może obniżyć połysk folii, wpływać na współczynnik tarcia (COF) oraz powodować powierzchniowy „blooming". Dlatego dawki powyżej 0,5% stosuje się jedynie w wyjątkowych przypadkach, a każda zmiana powinna być poprzedzona testami technologicznymi.

- **Interakcje z innymi dodatkami** - antystatyki mogą wchodzić w interakcje z pigmentami, koncentratami barwiącymi (masterbatch) oraz dodatkami poślizgowymi, co wpływa zarówno na migrację, jak i na końcowy efekt antystatyczny. W foliach barwionych ich efektywność może być nieco niższa niż w foliach transparentnych.
- **Różnice pomiędzy antystatykami wewnętrznymi a zewnętrznymi** - antystatyki wewnętrzne (np. etery glicerynowe) działają przez migrację z masy polimeru na powierzchnię. Antystatyki zewnętrzne działają od razu po aplikacji, ale nie są stosowane w produkcji folii metodą rozdmuchu ze względu na ograniczoną trwałość efektu i trudności technologiczne.

Typowe błędy zauważane w praktyce produkcyjnej:

1. **Oczekiwanie natychmiastowego efektu** - technolodzy i operatorzy często zakładają, że antystatyk zadziała od razu po wyprodukowaniu folii. W rzeczywistości ocena powinna być wykonana po kilku godzinach lub następnego dnia.
2. **Brak kontroli wilgotności magazynu** - w niskiej wilgotności efekt może być ograniczony mimo prawidłowej dawki dodatku.
3. **Zbyt wysokie dawki „na wszelki wypadek"** - zamiast poprawy, prowadzi to do pogorszenia właściwości optycznych, problemów z COF oraz nadmiernej migracji dodatku.
4. **Ignorowanie interakcji z innymi dodatkami** - w foliach z dużą ilością poślizgu (oleamid, erukamid) lub w foliach barwionych efektywność antystatyka może być niższa i wymaga korekty dawki.

Odpowiednio dobrany antystatyk, zastosowany w optymalnej dawce, umożliwia stabilną pracę linii pakujących, redukuje odkładanie ładunków elektrostatycznych oraz minimalizuje ryzyko zacinania folii i zanieczyszczeń powierzchniowych. W wielu zastosowaniach jest to jeden z kluczowych dodatków wpływających na jakość użytkową i powtarzalność produkcji.

7.1.6 Dodatki stosowane w produkcji folii stretch - PIB i koncentraty cling[3]

W produkcji folii stretch stosuje się dodatki zapewniające przylepność warstw folii do siebie, tzw. efekt cling. Najczęściej używanym środkiem jest PIB (polizobutylen) w postaci płynnej lub koncentraty PIB w formie granulatu. Dodatek ten nie działa natychmiast po wytworzeniu folii. Aby uzyskać wymagany poziom przylepności, folia musi po produkcji przejść proces stabilizacji (wygrzewania).

Mechanizm działania PIB

PIB migruje stopniowo z wnętrza folii na jej powierzchnię, tworząc cienką warstwę przylepną. Proces ten wymaga czasu - w zależności od:

- rodzaju LLDPE (buten, heksen, okten),
- grubości folii,
- temperatury magazynowania,
- ilości zastosowanego koncentratu PIB.

[3] Szerzej omawiam to w moim **kursie online: „Surowce i dodatki w produkcji folii PE”** (Część 2 serii Wytłaczanie Folii Metodą Rozdmuchu”) - nr kursu BLFIL-P2-1002 www.rolbatch.eu

Czas aktywacji przylepności (tacku)

Folia stretch bezpośrednio po wyjściu z linii często nie wykazuje pełnej przylepności.

Standardowo tack[4] uzyskuje się po:

- 12-24 godzinach - w temperaturze pokojowej,
- szybciej przy wyższej temperaturze magazynowania np. 40°C,
- wolniej przy foliach grubszych lub z mniejszą zawartością PIB.

W wielu zakładach buduje się specjalne wygrzewalnie, czyli pomieszczenia o podwyższonej temperaturze (zwykle ok. 40°C), w których świeżo wyprodukowana folia przebywa przez około 24 godziny. Przyspiesza to migrację dodatku na powierzchnię i stabilizację przylepności.

W krajach o cieplejszym klimacie wygrzewalnie są zazwyczaj zbędne, ponieważ proces aktywacji tacku przebiega naturalnie w warunkach otoczenia.

[4] W terminologii produkcji folii stretch **„tack" oznacza *przylepność powierzchni folii*** - czyli zdolność warstw folii do delikatnego przyklejania się do siebie podczas owijania palet.

Nie jest to klej ani kleistość w sensie lepkiej substancji - tylko kontrolowana, lekka adhezja, dzięki której folia stretch utrzymuje stabilność owijania.

Zjawisko stopniowego pojawiania się przylepności jest w pełni zamierzone - wynika z kontrolowanej migracji dodatku na powierzchnię folii, analogicznie jak w przypadku działania dodatków poślizgowych.

Typowe dawkowanie koncentratu PIB / koncentratu cling (nadającego folii właściwości przylegania)

- 1-5% koncentratu w zależności od wymaganej przylepności,
- folie typu stretch standard: 1-2%,
- folie power stretch / prestretch: 2-4%,
- folie specialty: do 5%.

Najczęstsze problemy związane z PIB

- Zbyt niski tack przy braku wygrzewania folii - efekt „folia się nie klei".
- Nadmierna migracja PIB → powierzchnia rolki robi się tłusta; konieczne częstsze czyszczenie.
- Zbyt duża dawka → folia zbyt lepka, trudna w rozwijaniu.
- Zbyt niska temperatura magazynowania → opóźniona aktywacja tacku.
- Nierównomierne mieszanie → lokalne różnice przylepności.

Zalecenia technologiczne

Aby uzyskać stabilną i powtarzalną przylepność warstw folii stretch:

- stosuj grawimetryczne dozowanie koncentratu PIB,
- zapewnij wygrzewanie folii przez minimum 12-24 godziny po produkcji,

- monitoruj temperaturę magazynu,
- unikaj przeciążeń dozownika - zbyt duża dawka nie poprawia jakości, a powoduje problemy eksploatacyjne.
- Zdecyduj, czy w Twojej produkcji lepiej sprawdzą się dodatki w postaci płynu, które wymagają pomp dozujących i odpowiedniej instalacji, czy koncentraty typu masterbatch, łatwe do dozowania w standardowych układach grawimetrycznych.

7.1.7 Jak skutecznie wdrażać dodatki?

Dodatki funkcjonalne są istotnym elementem nowoczesnej produkcji folii. Wpływają na jakość, stabilność procesu oraz właściwości użytkowe folii, dlatego ich stosowanie wymaga uwzględnienia zależności procesowych, interakcji między dodatkami oraz specyfiki stosowanych surowców.

Ich efektywność zależy zarówno od doboru receptury, jak i od sposobu wprowadzenia ich do procesu. Każdy dodatek oddziałuje na lepkość stopu, stabilność balonu oraz właściwości użytkowe folii, dlatego jego wprowadzanie wymaga kontrolowanych działań technicznych i świadomego podejścia do parametrów produkcji. Poniżej przedstawiam zasady, które sprawdzają się w praktyce zakładów produkujących folie metodą rozdmuchu i pozwalają uzyskać stabilne, powtarzalne efekty.

- **Dokładne testy technologiczne** - przed wdrożeniem dodatku wykonaj próby w małej skali, najlepiej na laboratoryjnej linii do rozdmuchu folii. Pozwala to ocenić jego wpływ na lepkość stopu, stabilność balonu, właściwości mechaniczne oraz optyczne folii.

- **Regularne pomiary jakości -** korzystaj z urządzeń laboratoryjnych takich jak plastometry, wilgotnościomierze i gęstościomierze. Pomiary te ułatwiają bieżącą kontrolę jakości surowców i ocenę skuteczności dodatków.
- **Systematyczne szkolenia operatorów** - znajomość objawów typowych problemów (blooming[5], migracja[6], zmiany COF[7], sklejanie warstw[8]) pozwala szybciej reagować i zapobiegać ich powstawaniu.

---

[5] **Blooming**
Powierzchniowe wykwity pojawiające się w wyniku nadmiernego wychodzenia dodatków na powierzchnię folii. Objawia się to matowieniem, lekkim zamgleniem powierzchni lub widoczną warstwą osadu. Zjawisko jest typowe przy zbyt dużej dawce dodatków migracyjnych lub przy ich nierównomiernym rozmieszczeniu w masie polimeru.

[6] **Migracja dodatków**
Przemieszczanie się cząsteczek dodatków funkcjonalnych (np. środków poślizgowych, antystatyków) z wnętrza tworzywa do powierzchni folii. Jest to zjawisko naturalne i niezbędne do uzyskania efektu funkcjonalnego, jednak jego intensywność zależy od temperatury, składu surowca oraz dawki dodatku.

[7] **COF - współczynnik tarcia (Coefficient of Friction)**
Parametr określający właściwości poślizgowe folii, istotny dla stabilnej pracy maszyn pakujących oraz prowadzenia folii przez rolki. Zmiany COF mogą wynikać z migracji dodatków, niewłaściwego dozowania koncentratów barwiących poślizgowych lub nierówno-miernego chłodzenia folii.

[8] **Sklejanie warstw folii**
Niepożądane łączenie się powierzchni folii podczas nawijania lub przechowywania. Może wynikać z braku odpowiedniej ilości antyblokera, niewłaściwej temperatury chłodzenia, migracji dodatków lub zbyt wysokiej energii powierzchniowej folii. Prowadzi do problemów przy rozwijaniu i dalszej obróbce.

7.1.8 Dodatkowe zależności praktyczne:

- **Interakcje między dodatkami** - poślizg, antystatyki, stabilizatory UV, antyblokery i pigmenty konkurują o powierzchnię folii, dlatego zmiana jednego dodatku może wymagać korekt w dawkowaniu pozostałych.
- **Wpływ jakości regranulatu** - pozostałości dodatków z wcześniejszych procesów mogą powodować nadmierną migrację, blooming lub zmiany COF.
- **Wpływ warunków środowiskowych** - dodatki migracyjne działają inaczej w warunkach niskiej i wysokiej wilgotności, co należy uwzględniać przy ocenie efektu.
- **Wpływ prędkości produkcji** - przy wysokich prędkościach linii czas przebywania stopu w cylindrze i głowicy jest krótszy, co może ograniczać homogenizację dodatków w masie polimeru. Zjawisko to warto uwzględniać podczas testów technologicznych, szczególnie przy foliach cienkich oraz recepturach z większą liczbą dodatków.
- **Znaczenie homogenizacji stopu** - niewystarczające mieszanie prowadzi do lokalnych różnic w działaniu dodatków oraz niejednorodnych właściwości folii.

O co chodzi z „konkurowaniem o powierzchnię folii"?

Powierzchnia folii stanowi cienką warstwę, w której mogą gromadzić się dodatki wykazujące naturalną tendencję do przemieszczania się z masy polimeru ku powierzchni, takie jak środki poślizgowe, antystatyczne czy wybrane stabilizatory UV. Zjawisko to wynika z różnic w energii powierzchniowej oraz mechanizmu równoważenia stężeń w tworzywie i wpływa na końcowe właściwości użytkowe folii.

Jeżeli w recepturze występuje kilka dodatków o podobnym mechanizmie migracji, mogą one rywalizować o to samo miejsce na powierzchni folii. Powoduje to zmianę tempa migracji, stopnia pokrycia powierzchni lub równowagi pomiędzy poszczególnymi efektami.

W praktyce oznacza to, że obecność jednego dodatku może osłabiać, opóźniać lub modyfikować działanie drugiego. Przykładowo:

- środek poślizgowy może obniżyć skuteczność dodatku antystatycznego,
- wysokie stężenie dodatku antystatycznego może wpływać na współczynnik tarcia folii,
- niektóre pigmenty mogą ograniczać naturalną tendencję dodatków poślizgowych do przemieszczania się ku powierzchni folii,
- zbyt duże ilości dodatków powierzchniowo aktywnych mogą powodować powierzchniowe wykwity (tzw. blooming).

Z tego powodu zmiana jednego dodatku lub korekta jego dawki może wymagać ponownego dostosowania pozostałych elementów receptury, aby zachować stabilność procesu i właściwości użytkowe folii. W praktyce znacznie efektywniejsze i ekonomicznie uzasadnione jest prowadzenie takich prób na małych liniach laboratoryjnych do rozdmuchu folii jedno- lub wielowarstwowej, które pozwalają odtworzyć rzeczywiste warunki procesu przy minimalnym zużyciu surowca. Tego typu małe linie laboratoryjne do rozdmuchu znajdują się również w ofercie Rolbatch i stanowią ważne narzędzie przy optymalizacji receptur oraz weryfikacji działania dodatków przed wdrożeniem ich na pełnowymiarowe linie produkcyjne.

Typowe błędy i jak ich unikać

W praktyce wielu zakładów największe problemy wynikają nie z samego dodatku, lecz z tego, *w jaki sposób* został wdrożony. Wiele błędów powtarza się niezależnie od rodzaju produkowanej folii czy stopnia zaawansowania technologii.

Poniżej przedstawiam najczęściej spotykane sytuacje, wraz z wyjaśnieniem, dlaczego prowadzą do problemów oraz jak ich skutecznie unikać.

Brak prób pilotażowych przed wdrożeniem dodatku

Wdrożenie dodatku bez wcześniejszego przetestowania go w małej skali to jeden z najczęstszych błędów. Każdy dodatek może wpływać na lepkość stopu, stabilność balonu, orientację folii lub zachowanie poślizgu - i to zupełnie inaczej w zależności od użytego polietylenu, zawartości regranulatu, czy ustawień temperatur. Bez próby pilotażowej trudno przewidzieć, jak dodatek zachowa się w konkretnych warunkach procesu wytłaczania.

Testy wstępne pozwalają zawczasu wykryć problemy, które przy wdrożeniu „na produkcję” mogłyby zakończyć się dużą ilością odpadu lub niestabilnością procesu.

Niewłaściwe dawkowanie - zarówno zbyt niskie, jak i zbyt wysokie

Częstym błędem jest założenie, że „większa ilość dodatku zapewni lepszy efekt". W praktyce środki poślizgowe, antystatyczne oraz niektóre dodatki antyblokujące wykazują tendencję do migracji, czyli do przemieszczania się z masy polimeru ku powierzchni folii. Zbyt duża dawka może prowadzić do nadmiernego nagromadzenia substancji powierzchniowo aktywnych, co skutkuje obniżeniem połysku, zmianą właściwości poślizgowych, matowieniem lub powstawaniem powierzchniowych wykwitów. Zbyt mała dawka nie zapewnia oczekiwanego działania, co prowadzi do błędnych decyzji przy modyfikacji receptury. Dlatego kluczowe jest precyzyjne dozowanie oraz stabilność pracy dozowników (najlepiej grawimetrycznych[9]) - szczególnie przy produkcji folii wielowarstwowych, gdzie niewielkie różnice w składzie mogą kumulować się w gotowym wyrobie.

Pomijanie kontroli laboratoryjnej surowców i folii

W wielu zakładach kontrola jakości surowców ogranicza się do oceny wizualnej lub pomiaru wilgotności. Tymcza-

[9] **Dozownik grawimetryczny** - urządzenie dozujące surowce i dodatki na podstawie pomiaru ich masy, pracujące w systemie wagowym. Umożliwia precyzyjne dozowanie komponentów w czasie rzeczywistym poprzez kontrolę przepływu materiału na podstawie zmian masy w zasobniku. Dozownik grawimetryczny automatycznie koryguje dawki, kompensując zmienność gęstości surowca, wahania napełnienia oraz różnice w przepływie, dzięki czemu zapewnia bardzo wysoką powtarzalność receptury, szczególnie istotną w produkcji folii wielowarstwowych oraz struktur o wrażliwych właściwościach powierzchniowych.

sem dodatki funkcjonalne reagują na zmiany MFI, gęstości, zawilgocenia i czystości granulatu. Brak systematycznych pomiarów tych parametrów powoduje, że dodatek bywa oceniany jako „nieskuteczny", podczas gdy problem leży w heterogeniczności[10] surowca. Regularna kontrola parametrów, takich jak wskaźnik płynięcia (MFI), wilgotność oraz gęstość, pozwala przewidzieć zachowanie dodatków i uniknąć problemów, zanim pojawią się na linii.

Ocena nowych receptur wyłącznie na pełnowymiarowej linii produkcyjnej wiąże się z wysokim ryzykiem strat materiałowych oraz utrudnioną kontrolą parametrów. Z tego względu badania wstępne warto prowadzić na liniach laboratoryjnych, które pozwalają zweryfikować zachowanie stopu, stabilność balonu oraz wpływ dodatków na właściwości folii przy minimalnym zużyciu surowca i przy pełnej możliwości panowania nad zmiennymi procesu.

Ignorowanie sygnałów od operatorów dotyczących zmian w zachowaniu folii

Operator jest pierwszą osobą, która widzi objawy problemów - niestabilny balon, zmieniający się poślizg, sklejanie warstw, matowienie powierzchni, nadmierną migrację dodatków lub „dziwne zachowanie" folii na rolkach prowadzących. Częstym błędem jest nieuwzględnianie

---

[10] **Heterogeniczność surowca** - niejednorodność właściwości granulatu w obrębie jednej partii, obejmująca różnice m.in. w MFI, wilgotności, gęstości, pozostałościach dodatków, stopniu degradacji lub czystości. Zjawisko to jest szczególnie widoczne w surowcach zawierających regranulat i może powodować zmienność parametrów przetwarzania oraz niestabilność działania dodatków funkcjonalnych.

tych obserwacji przy ocenie działania dodatku. W praktyce uwagi operatorów dostarczają najważniejszych informacji o tym, czy dodatek działa prawidłowo oraz czy proces wymaga korekty. Włączenie operatorów w proces oceny efektów dodatku znacząco zwiększa skuteczność wdrożeń i skraca czas reakcji na problemy. Ich obserwacje mają charakter dynamiczny i odnoszą się do rzeczywistego zachowania folii w czasie pracy linii, czego nie da się uchwycić na podstawie samych parametrów procesowych.

Brak korekt procesu po zmianie dodatków lub surowców

Dodanie nawet niewielkiej ilości dodatku może wymagać korekty temperatur, ciśnienia stopu, intensywności chłodzenia czy prędkości odciągu. Wielu technologów zakłada, że jeśli dawka jest niewielka, parametry procesowe pozostają bez zmian. W rzeczywistości dodatki mogą wpływać na lepkość, stabilność balonu, orientację folii i zachowanie powierzchni. Zignorowanie tych zależności prowadzi do defektów, które są błędnie przypisywane „złej jakości dodatku".

Zbyt szybkie zwiększanie skali produkcji po pozytywnych próbach

Po udanych testach na niższych prędkościach operatorzy często przechodzą od razu do pełnej wydajności linii. Tymczasem dodatki - zwłaszcza migracyjne - mogą zachowywać się inaczej przy wysokim obciążeniu linii. Migracja dodatków, homogenizacja stopu i stabilność chłodzenia mogą wymagać czasu na ustabilizowanie. Zbyt szybkie zwiększanie prędkości może spowodować pojawienie się wad, które nie wystąpiły na etapie testów.

7.2 Koncentraty barwiące (masterbatch) stosowane w produkcji folii

Koncentraty barwiące (masterbatch) to mieszaniny pigmentów osadzonych w nośniku tworzywa sztucznego[11]. Ich podstawowym zadaniem jest nadanie folii określonego koloru oraz uzyskanie wymaganych właściwości optycznych, takich jak krycie, transparentność czy stabilność odcienia. W produkcji folii metodą rozdmuchu mają istotne znaczenie, ponieważ nawet niewielkie różnice w jakości pigmentu, nośnika lub dyspersji mogą wpływać na stabilność procesu, parametry mechaniczne i wygląd powierzchni folii. W praktyce przemysłowej koncentraty barwiące należy traktować nie tylko jako element estetyczny, lecz jako pełnoprawny składnik receptury, który wpływa na zachowanie stopu i przebieg całego procesu wytłaczania.

Barwienie folii za pomocą koncentratów jest technologią powszechną i skuteczną, ale wiąże się z charakterystycznymi zjawiskami procesowymi. Do najczęściej spotykanych problemów należą:

- nierównomierne rozmieszczenie pigmentu prowadzące do smużenia, pasmowania lub lokalnych różnic intensywności barwy,
- przebarwienia, plamy i smugi wynikające z nieprawidłowego dozowania lub mieszania,

[11] **Tworzywo sztuczne (polimer)** - materiał powstały z połączenia merów w długie łańcuchy. W produkcji folii metodą rozdmuchu stosuje się przede wszystkim polietylen (PE) w różnych odmianach, takich jak LDPE, LLDPE i MDPE.

- trudności w utrzymaniu powtarzalnego odcienia między partiami produkcyjnymi.

Fot. Dr Magdalena Laabs - testy na linii laboratoryjnej do rozdmuchu folii. Tu „PRZED" i „PO" dodaniu kompatybilizatora. Folia produkowana z regranulatów po konsumenckich LDPE z wtrąceniami PA

Na zdjęciach powyżej przedstawiłam testy, które przeprowadziliśmy na laboratoryjnej linii do rozdmuchu folii, realizowane we współpracy z **Zachodniopomorskim Uniwersytetem Technologicznym w Szczecinie**. Badania obejmowały porównanie jakości folii przed i po zastosowaniu kompatybilizatorów w procesie wytłaczania.

Folia była produkowana z regranulatu, z dodatkiem granulatów pierwotnych. Ze względu na obecność domieszek poliamidu (PA) w strumieniu surowca obserwowaliśmy powstawanie smug oraz lokalne niedogrzania stopu, wynikające z niejednorodności fazowej oraz różnic w temperaturze topnienia poszczególnych surowców. W ramach testów zastosowaliśmy kilka różnych kompatybilizatorów, których zadaniem było poprawienie adhezji pomiędzy fazami oraz stabilizacji struktury stopu. W efekcie końcowym uzyskaliśmy wyraźną poprawę jednorodności folii, redukcję defektów powierzchniowych oraz stabilniejszą pracę procesu rozdmuchu.

Projekt badawczo-wdrożeniowy zrealizowaliśmy w ramach działań **Rolbatch Engineering** na zlecenie hiszpańskiej firmy zajmującej się recyklingiem odpadów foliowych.

Na stabilność barwy wpływają m.in. odporność barwy na światło, oceniana w skali Blue Scale, zmiany barwy oceniane w skali Grey Scale, jakość dyspersji oraz właściwości samego pigmentu. Szczególną rolę pełnią pigmenty białe (TiO_2), czarne (sadza techniczna) oraz wypełniacze mineralne, takie jak kreda. Równie istotny jest dobór nośnika koncentratu barwiącego, który powinien być kompatybilny z przetwarzanym surowcem.

Szczegółowe omówienie pigmentów, różnic między TiO_2 rutyl/anataz, charakterystyki sadzy, oceny dyspersji oraz strategii budowania receptur barwiących przedstawiłam szerzej w osobnej książkowej publikacji[12] oraz w dedykowanym kursie online[13].

7.2.1 Rodzaje koncentratów barwiących i ich stężenia pigmentu

W praktyce stosuje się trzy podstawowe grupy koncentratów:

- Koncentraty kolorowe - 10-30% pigmentu w nośniku tworzywa;
- Koncentraty bieli (TiO_2) - 20-80% dwutlenku tytanu;
- Koncentraty czerni (sadza) - 20-50% sadzy o określonej powierzchni właściwej BET[14].

---

[12] Dr Magdalena Laabs, **Sztuka Barwienia Tworzyw Sztucznych. Pigmenty, koncentraty barwiące i praktyczne strategie kontroli koloru w wytłaczaniu, formowaniu wtryskowym i recyklingu,** Wydawnictwo Rolbatch Press, 2026.

[13] **Kurs Online - Barwienie tworzyw sztucznych** - Rolbatch Academy.

[14] **BET (Brunauer-Emmett-Teller)** - metoda oznaczania powierzchni właściwej pigmentów i wypełniaczy, opracowana przez Stephana Brunauera, Paula Emmetta i Edwarda Tellera. Parametr BET określa ilość dostępnej powierzchni w jednostce masy materiału, mierzoną na podstawie adsorpcji gazu (najczęściej azotu).

W przetwórstwie tworzyw sztucznych parametr BET stosuje się przede wszystkim do charakterystyki sadzy technicznej oraz wybranych pigmentów nieorganicznych. Wyższa wartość BET oznacza większą powierzchnię właściwą pigmentu, co przekłada się na silniejsze barwienie, ale jednocześnie zwiększa skłonność do aglomeracji, wymaga intensywniejszej homogenizacji i zwiększa obciążenie układu filtracji stopu. W praktyce wartość BET jest jednym z kluczowych parametrów przy ocenie jakości koncentratów czerni i ich

Pigmenty organiczne są bardziej żywe kolorystycznie, ale wrażliwe na temperaturę. Pigmenty nieorganiczne są stabilniejsze, lecz cięższe, co wymaga intensywniejszej homogenizacji. Dwutlenek tytanu w odmianie rutylowej zapewnia lepsze krycie i odporność UV w porównaniu z anatazem. Sadze o wyższym BET barwią intensywniej, ale mają większą skłonność do aglomeracji.

7.2.2 Monokoncentraty - precyzyjna kontrola barwy

Monokoncentraty to koncentraty zawierające jeden pigment w wysokiej koncentracji. Stosuje się je nie jako gotowy kolor, lecz jako komponent do:

- precyzyjnego komponowania mieszanek kolorystycznych,
- stabilizacji odcienia między partiami,
- barwienia warstw w strukturach wielowarstwowych,
- eliminowania dodatków obecnych w koncentratach „combo", jeśli nie są potrzebne w recepturze.

Ułatwiają dokładniejsze kontrolowanie składu pigmentów i stabilność koloru w długich seriach produkcyjnych.

---

wpływu na właściwości optyczne, mechaniczne oraz stabilność procesu wytłaczania folii.

7.2.3 Dyspersja pigmentów[15] - warunek stabilnego koloru

Dyspersja pigmentu oznacza stopień rozdrobnienia i równomiernego rozmieszczenia cząstek w masie tworzywa. Ocenia się ją poprzez:

- obecność aglomeratów (specks[16]),
- wielkość cząstek po uplastycznieniu,
- analizę mikroskopową i testy walcowe,
- stabilność ciśnienia stopu i filtracji.

[15] **Pigment** – drobnoziarnista substancja barwiąca, nierozpuszczalna w polimerze, odpowiedzialna za nadanie barwy oraz właściwości optyczne tworzywa. W produkcji folii metodą rozdmuchu pigmenty rzadko dozowane są bezpośrednio, a najczęściej stosuje się koncentraty barwiące (masterbatch), w których pigment jest zdyspergowany w kompatybilnym nośniku polimerowym.

[16] **Specks - punktowe defekty** widoczne w folii jako małe kropki, plamki lub ziarna. Powstają w wyniku obecności aglomeratów pigmentu, niedostatecznej dyspersji, pozostałości pigmentów o dużej twardości lub zanieczyszczeń stałych w surowcu. Mogą powodować lokalne osłabienie właściwości mechanicznych folii oraz zaburzenia optyczne, szczególnie w foliach transparentnych.

Niedostateczna dyspersja prowadzi do:

- smużenia,
- zaburzeń optycznych,
- lokalnych osłabień mechanicznych,
- wzrostu ciśnienia stopu.

7.2.4 Dystorsja koloru - mechanizm makroskopowy

Dystorsja koloru to nierównomierność barwy widoczna jako pasma lub różnice odcienia, najczęściej w kierunku MD, rzadziej TD[17]. Nie należy jej mylić z dyspersją, która

---

[17] **MD (Machine Direction) - kierunek wzdłużny folii**, zgodny z kierunkiem odciągu podczas procesu rozdmuchu. Właściwości mechaniczne i optyczne mierzone w MD odzwierciedlają zachowanie folii w osi procesu.

TD (Transverse Direction) - kierunek poprzeczny folii, prostopadły do odciągu. Właściwości mierzone w TD pokazują, jak folia zachowuje się na szerokość, w tym jej skłonność do pasmowania, marszczenia i zmian grubości.

dotyczy stopnia rozdrobnienia i jednorodności rozprowadzenia pigmentu w tworzywie. Dystorsja powstaje na poziomie makroskopowym i jest wynikiem zaburzeń w przepływie stopu lub różnic w rozmieszczeniu pigmentu na większej skali.

Przyczyny dystorsji obejmują:

- różnicę gęstości pigmentu i nośnika,
- nieoptymalną temperaturę uplastyczniania,
- zbyt wysoką prędkość odciągu i nadmierną orientację w MD,
- pigmenty nieorganiczne o dużej gęstości cząstek,

7.2.5 Znaczenie nośnika koncentratu barwiącego

Nośnik koncentratu barwiącego musi być kompatybilny ze stosowanym tworzywem bazowym. Zgodność ta dotyczy nie tylko składu chemicznego, lecz także zachowania reologicznego nośnika w warunkach przetwórstwa. Różnice w zachowaniu nośnika ujawniają się szczególnie podczas rozruchu linii, zmian obciążenia oraz pracy przy wyższych prędkościach, kiedy wymagania wobec stabilności stopu są największe. Nieodpowiednio dobrany nośnik może zaburzać jednorodność uplastyczniania, prowadząc do lokalnych różnic lepkości i niestabilności przepływu stopu.

Problemy pojawiają się szczególnie wtedy, gdy:

- MFI nośnika różni się od MFI surowca - koncentrat przygotowany na nośniku o innych właściwościach reologicznych[18] niż polietylen stosowany do produkcji folii może powodować niejednorodny przepływ stopu i trudności z homogenizacją. W niektórych przypadkach, zwłaszcza w warstwach zgrzewalnych, niekompatybilny nośnik może tworzyć mikroinkluzje - czyli bardzo drobne, nieregularne wtrącenia lub mikroskopijne cząstki obcego materiału - które utrudniają prawidłowe łączenie się łańcuchów PE podczas zgrzewania.

- temperatura mięknienia nośnika nie odpowiada parametrom procesu - prowadzi to do różnic w uplastycznianiu oraz powstawania stref o odmiennej lepkości;
- nośnik nie współpracuje z warstwą zgrzewalną lub klejową - w foliach wielowarstwowych skutkuje to obniżoną adhezją i pogorszeniem właściwości użytkowych.

Skutkiem mogą być:

- zaburzenia zgrzewalności,
- zmienność współczynnika tarcia (COF[19]),

---

[18] **Właściwości reologiczne** - zestaw parametrów określających zachowanie stopionego tworzywa podczas płynięcia. Obejmują m.in. lepkość stopu, podatność na ścinanie, szybkość przepływu, temperaturę mięknienia oraz sposób, w jaki tworzywo reaguje na zmiany prędkości odciągu i temperatury. W praktyce różnice reologiczne pomiędzy nośnikiem koncentratu a surowcem bazowym mogą prowadzić do niejednorodnego przepływu stopu, lokalnych zmian lepkości oraz tworzenia mikroinkluzji, co wpływa na stabilność balonu i jakość warstw folii.

[19] **COF (Coefficient of Friction) - współczynnik tarcia** określający stopień poślizgu powierzchni folii. Parametr ten opisuje, jak łatwo

- obniżenie transparentności,
- niestabilność balonu,
- spadek wytrzymałości mechanicznej folii.

Zgodność nośnika z tworzywem - znaczenie dla jakości folii

W produkcji folii z polietylenu (PE) należy stosować koncentraty barwiące o nośniku również opartym na PE. Koncentraty przygotowane na bazie polipropylenu (PP) nie są odpowiednie do folii PE, ponieważ różnice właściwości reologicznych i wyższa temperatura mięknienia PP powodują:

- powstawanie inkluzji i zaburzeń transparentności,
- pogorszenie zgrzewalności,
- lokalne różnice lepkości stopu,
- niestabilność balonu,
- pasmowanie koloru,
- trudności filtracyjne,
- obniżoną adhezję warstw w strukturach wielowarstwowych.

Z tego powodu koncentraty stosowane w produkcji folii PE powinny być zawsze oparte na nośniku kompatybilnym z przetwarzanym polietylenem.

---

folia przesuwa się po rolkach prowadzących, elementach linii pakujących lub po innych warstwach folii w nawiniętej rolce. Zmienność COF może wpływać na stabilność procesu pakowania, pracę odciągu, układ prowadzenia folii oraz jakość zgrzewania w maszynach automatycznych.

W praktyce zdarza się stosowanie koncentratów barwiących na nośnikach innych niż PE, takich jak EVA, modyfikowane poliolefiny lub mieszanki polimerowe.

Rozwiązania te mogą być wykorzystywane w wybranych aplikacjach, jednak nie są zalecane do standardowej produkcji folii PE, ponieważ zwiększają ryzyko występowania żeli i wtrąceń, pogarszają zgrzewalność oraz mogą prowadzić do niestabilności procesu przy wyższych prędkościach linii. EVA (etylen-octan winylu) bywa stosowana jako nośnik w koncentratach barwiących, jednak w technologii folii PE należy traktować ją wyłącznie jako rozwiązanie kompromisowe.

Ze względu na podwyższoną elastyczność i niższą temperaturę mięknienia EVA może poprawiać zgrzewalność folii, ale jednocześnie wpływa na właściwości powierzchniowe - **połysk, współczynnik tarcia** oraz w niektórych przypadkach, na zmętnienie folii PE. W praktyce produkcyjnej EVA jako nośnik barwnika często zmienia zachowanie folii na linii, zwiększa zmienność procesu i utrudnia jego stabilne prowadzenie.

Z tego względu EVA nie jest rekomendowana jako standardowy nośnik koncentratów barwiących do folii PE w porównaniu z nośnikami opartymi na LDPE lub LLDPE.

W zastosowaniach wymagających wysokiej stabilności procesu, powtarzalnej jakości folii oraz minimalizacji defektów optycznych i strukturalnych, preferowane powinny być koncentraty barwiące o nośniku maksymalnie zbliżonym do przetwarzanego surowca. Dotyczy to w szczególności folii cienkich, folii technicznych oraz produkcji prowadzonej z wysokimi wydajnościami i dużą zawartością regranulatu.

EMA (etylen-metakrylan etylu) jest kopolimerem etylenu spotykanym w koncentratach barwiących typu masterbatch sporadycznie i ma charakter niszowy. W praktyce produkcji folii PE nie występuje jako standardowy nośnik barwnika i nie ma istotnego znaczenia technologicznego.

Koncentraty barwiące (masterbatch) - przykład surowców stosowanych w produkcji folii

Najlepszy nośnik koncentratów barwiących do folii PE: LDPE lub LLDPE.

Dopuszczalne, ale niezalecane: EVA, EMA oraz inne modyfikowane poliolefiny.

Nieodpowiednie: PP - brak kompatybilności z PE i wysokie ryzyko wad jakościowych.

7.2.6 Barwniki do folii stretch i folii termokurczliwej - różnice, ryzyka i dobre praktyki technologiczne

W praktyce produkcyjnej barwniki przeznaczone do folii stretch i folii termokurczliwej są często traktowane zamiennie, mimo że obie technologie znacząco różnią się wymaganiami procesowymi. Folia stretch powstaje z LLDPE i wymaga dodatków kompatybilnych z mechanizmem przylepności (tack), dlatego barwniki muszą być oparte na nośnikach zgodnych z LLDPE i nie mogą zakłócać migracji dodatku cling. Zbyt twarde lub niekompatybilne nośniki mogą powodować lokalne pogorszenie przylepności, zaburzenia rozciągliwości oraz niestabilność w procesie owijania.

W foliach termokurczliwych kluczowe znaczenie ma równomierny rozkład pigmentu oraz wysoka czystość koncentratu, ponieważ nawet niewielkie wtrącenia mogą prowadzić do nierównomiernego kurczenia i powstawania deformacji powierzchni. Barwniki do folii termokurczliwej wymagają nośników o bardzo dobrej kompatybilności z LDPE lub mieszaninami LDPE/LLDPE oraz stabilnej dyspersji, tak aby nie wpływały na proces orientacji i osiągnięcie wymaganej kurczliwości w tunelu obkurczającym.

Różnice te sprawiają, że barwniki odpowiednie dla jednej technologii nie zawsze zapewniają stabilne działanie w drugiej. Stosowanie niewłaściwych koncentratów może prowadzić do problemów z przylepnością warstw folii stretch (tzw. tackiem) albo do nierównomiernego skurczu i deformacji w folii termokurczliwej. Dlatego dobór barwnika do obu typów folii powinien uwzględniać specyfikę technologii, nośnik koncentratu oraz właściwości wymagane przez docelowy produkt.

Barwienie folii stretch wykonuje się rzadko i wyłącznie w określonych zastosowaniach logistycznych, natomiast folie termokurczliwe barwi się znacznie częściej, jednak wymagają one koncentratów barwiących o bardzo wysokiej czystości i kompatybilności, aby nie zakłócić procesu kurczliwości.

7.2.7 Stabilność koloru i powtarzalność produkcji

Na ostateczny kolor wpływa:

- MFI surowca,
- prędkość produkcji i intensywność chłodzenia,
- czas retencji stopu[20],
- temperatura uplastyczniania,
- zużycie ślimaka i cylindra.

Dlatego ten sam koncentrat może zachowywać się różnie na różnych liniach.

[20] **Czas retencji stopu** - czas, przez jaki uplastycznione tworzywo (stop polietylenu) przebywa w układzie uplastyczniającym wytłaczarki, obejmującym cylinder, ślimak i głowicę. Parametr ten wpływa na poziom homogenizacji, stabilność barwy, dyspersję pigmentów, rozkład dodatków oraz stabilność temperatury stopu. Zbyt krótki czas retencji może prowadzić do niedostatecznego wymieszania lub wahań parametrów, natomiast zbyt długi - do termicznego obciążenia materiału i pogorszenia jego właściwości.

7.2.8 Wpływ pigmentów na właściwości folii

Pigmenty stosowane w produkcji folii wpływają nie tylko na kolor, lecz także na szereg parametrów mechanicznych, optycznych i przetwórczych. Ich dobór i dawkowanie muszą być dopasowane do rodzaju folii oraz wymagań procesu, ponieważ nawet niewielkie różnice mogą zmieniać zachowanie folii podczas wytłaczania i dalszej obróbki. Pigmenty mogą wpływać na:

- sztywność i odporność na odkształcenie folii (szczególnie pigmenty nieorganiczne),
- odporność na przebicie (zwłaszcza sadza),
- właściwości optyczne (połysk - gloss[21], zamglenie - haze[22], transparentność),
- właściwości zgrzewne[23] (wysoka zawartość bieli tytanowej TiO_2 może je pogarszać),

---

[21] **Gloss (połysk)** - parametr optyczny określający zdolność powierzchni folii do odbijania światła w sposób kierunkowy. Wysoka wartość połysku oznacza powierzchnię gładką i „lustrzaną", natomiast niska - powierzchnię matową lub rozpraszającą światło. Połysk zależy m.in. od rodzaju pigmentu, jakości dyspersji, stanu powierzchni folii, składu surowca oraz warunków chłodzenia. Jest jednym z kluczowych parametrów w foliach opakowaniowych, dekoracyjnych i laminacyjnych.

[22] **Haze (zamglenie)** - parametr opisujący stopień rozproszenia światła przechodzącego przez folię. Wysoka wartość haze oznacza, że folia wygląda na „zamgloną" lub matową, z ograniczoną przejrzystością. Zamglenie zależy m.in. od rodzaju pigmentu, jakości dyspersji, zawartości wypełniaczy mineralnych oraz warunków chłodzenia folii. Jest jednym z kluczowych parametrów oceny optyki w foliach transparentnych i opakowaniowych.

[23] **Właściwości zgrzewne** - zdolność folii do tworzenia trwałych i jednorodnych zgrzewów; mogą ulegać pogorszeniu przy wysokiej

- współczynnik tarcia[24],
- filtrowalność stopu[25].

7.2.9 Najczęstsze błędy technologiczne przy barwieniu folii

- zbyt niska temperatura uplastyczniania → słaba dyspersja[26], smugi, dystorsja[27],
- zbyt szybki odciąg → pasmowanie w MD,

---

zawartości TiO_2 wskutek zaburzeń jednorodności stopu i rozkładu ciepła w strefie zgrzewania.

[24] **Współczynnik tarcia (COF, *Coefficient of Friction*)** – parametr opisujący opór tarcia pomiędzy powierzchniami folii lub folii i elementów linii, mający bezpośredni wpływ na prowadzenie, nawijanie i pakowanie.

[25] **Filtrowalność stopu** - zdolność stopionego tworzywa do swobodnego przepływu przez układ filtracji bez nadmiernego wzrostu ciśnienia, zależna m.in. od czystości surowca, dyspersji pigmentów i dodatków.

[26] **Dyspersja pigmentu w folii** - stopień rozdrobnienia i równomiernego rozmieszczenia cząstek pigmentu w masie tworzywa. Dobra dyspersja oznacza brak aglomeratów, jednolitą strukturę barwienia oraz stabilny przepływ stopu. Niewystarczająca dyspersja prowadzi do powstawania punktowych defektów (tzw. specks), lokalnych zaburzeń optycznych, zwiększonego ciśnienia w układzie uplastyczniającym i problemów z filtracją. Dyspersję ocenia się metodami mikroskopowymi, testami walcowymi oraz analizą ciśnienia stopu.

[27] **Dystorsja** - makroskopowa nierównomierność barwy folii, widoczna jako pasma, różnice nasycenia lub odcienia w kierunku MD lub TD. Nie jest tym samym co dyspersja: dystorsja wynika z zaburzeń przepływu stopu, orientacji folii, różnicy gęstości pigmentu i nośnika, zbyt wysokiej prędkości odciągu lub nieoptymalnego profilu temperatur. Może występować również tylko w jednej warstwie folii wielowarstwowej, co utrudnia diagnostykę przyczyn.

- mieszanie koncentratu wyłącznie w leju zasypowym → niedomieszanie,
- stosowanie koncentratu o nieodpowiednim MFI → destabilizacja procesu,
- brak filtracji przy pigmentach twardych → aglomeraty na powierzchni,
- stosowanie koncentratów „combo" bez analizy kompatybilności dodatków.

Fot. Dr Magdalena Laabs - pasmowanie[28] w kierunku MD spowodowane nierównomiernym rozmieszczeniem pigmentu (test na linii laboratoryjnej do rozdmuchu folii).

[28] **Pasmowanie w MD (Machine Direction)** - zjawisko polegające na pojawianiu się równoległych pasów o innym odcieniu, kryciu lub połysku, przebiegających wzdłuż kierunku odciągu folii. Pasmowanie wynika z niejednorodnego przepływu stopu w głowicy, różnic lepkości między warstwami, nierównomiernego rozprowadzania pigmentu, zbyt wysokiej prędkości odciągu lub lokalnych zmian grubości. Jest to wada o charakterze makroskopowym, widoczna na powierzchni folii podczas przewijania lub oględzin rolki, i może świadczyć o zaburzeniach procesu w strefie uplastyczniania, głowicy lub stabilizacji balonu.

7.2.10 Koncentraty barwiąco-funkcjonalne „combo" - dlaczego wymagają ostrożności?

Koncentraty barwiąco-funkcjonalne tzw. „combo" łączące pigment z dodatkami (np. poślizgowymi, antystatycznymi, stabilizatorami UV) mogą powodować:

- wzajemne osłabianie działania dodatków funkcjonalnych,
- zmienność właściwości poślizgowych,
- niestabilność UV,
- ograniczoną powtarzalność koloru.

W foliach technicznych i wielowarstwowych preferuje się podejście, które zapewnia większą kontrolę receptury i stabilność procesu. Zamiast koncentratów wieloskładnikowych często stosuje się:

- oddzielne koncentraty kolorystyczne oparte na mieszankach pigmentów dobranych do docelowego odcienia,
- oddzielne koncentraty funkcjonalne,
- receptury, w których każda warstwa otrzymuje tylko te dodatki, które są w niej rzeczywiście potrzebne.

Monokoncentraty (koncentraty pojedynczych pigmentów) wykorzystuje się głównie do precyzyjnego komponowania mieszanek barwiących lub do kontrolowania udziału konkretnego pigmentu w docelowym kolorze, a nie jako samodzielne barwniki do folii.

Materiały uzupełniające

Szczegółowe omówienie pigmentów, dyspersji, dystorsji, oceny krycia, metod Blue Scale i Gray Scale, różnic między TiO_2 rutyl/anataz oraz praktycznych strategii kontroli koloru znajduje się w mojej publikacji oraz w dedykowanym kursie online Rolbatch Academy.

Materiały uzupełniające - Rolbatch Academy

Szczegółowe omówienie pigmentów, technik barwienia tworzyw, oceny dyspersji, doboru koncentratów, dystorsji koloru oraz zaawansowanych strategii utrzymania powtarzalności barwy znajdziesz w mojej publikacji książkowej:

Dr Magdalena Laabs, „***Sztuka Barwienia Tworzyw Sztucznych. Pigmenty, koncentraty barwiące i praktyczne strategie kontroli koloru w wytłaczaniu, formowaniu wtryskowym i recyklingu***",

Rolbatch Press.

Zagadnienia te omawiam również w:

Kursie Online - Barwienie tworzyw sztucznych - Rolbatch Academy, gdzie przedstawiam praktyczne procedury, przykłady i strategie rozwiązywania problemów jakościowych w barwieniu folii.

7.3 Kiedy warto stosować dodatki poprawiające jakość folii - praktyczne przykłady i rekomendacje technologiczne

W swojej praktyce zawodowej wielokrotnie spotkałam się z pytaniami techników, operatorów maszyn oraz kierowników produkcji dotyczącymi tego, kiedy rzeczywiście warto zastosować dodatki poprawiające jakość folii. Wbrew pozorom, dodatki funkcjonalne nie zawsze są konieczne, a ich stosowanie powinno być podyktowane realnymi potrzebami Twojej produkcji, wymaganiami klientów oraz precyzyjną analizą korzyści ekonomicznych. Decyzja o zastosowaniu dodatków powinna wynikać z konkretnych problemów jakościowych oraz ich wpływu na stabilność procesu i koszty produkcji.

Na podstawie poniższych przykładów będziesz mógł łatwiej zdecydować, w jakich sytuacjach warto wprowadzić konkretne dodatki do swojej produkcji. Dobór dodatków wymaga uwzględnienia zarówno efektów jakościowych, jak i konsekwencji technologicznych oraz ekonomicznych ich stosowania.

Sytuacja 1: Intensywne sklejanie się warstw folii podczas nawijania i magazynowania

Jednym z zakładów, z którym współpracowałam, był producent folii opakowaniowej PE i PP. Firma ta przez dłuższy czas borykała się z problemem intensywnego sklejania się warstw folii na rolkach. Reklamacje ze strony klientów końcowych były bardzo częste. Na etapie produkcji podejmowano próby korekty parametrów procesu, jednak bez analizy przyczyny materiałowej problemu działania te nie przynosiły trwałych rezultatów. Po mojej wizycie w zakładzie oraz analizie parametrów produkcyjnych zaproponowałam przeprowadzenie testów technologicznych z dodatkiem antyblokującym (krzemionką syntetyczną) w dawce około 1%.

Dodatek ten działa poprzez wytworzenie mikroporowatości i mikroskopijnej chropowatości powierzchni folii, co zmniejsza rzeczywistą powierzchnię kontaktu między warstwami i ogranicza ich wzajemną adhezję. Po wdrożeniu antybloku sklejanie warstw zostało wyeliminowane zarówno podczas nawijania, jak i magazynowania folii.

Należy jednak pamiętać, że dodatek antyblokujący nie jest rozwiązaniem pozbawionym wad - przy wyższych dawkach może obniżać przezroczystość i połysk folii oraz wpływać na jej właściwości powierzchniowe. Dlatego jego ilość zawsze powinna być dobierana kompromisowo, w zależności od wymagań jakościowych wyrobu.

W ciągu miesiąca zakład produkcyjny odnotował spadek reklamacji o ponad 80% oraz zauważalnie zmniejszoną ilość odpadów. Sklejanie było bowiem jedną z głównych przyczyn reklamacji. Operatorzy i technologowie mogli skupić się na optymalizacji innych procesów produkcyjnych, nie martwiąc się już problemem sklejania folii.

Wniosek praktyczny:

Dodatek antyblokujący warto zastosować, gdy masz problemy ze sklejaniem się folii na rolkach lub gdy klienci skarżą się na problemy z rozwijaniem folii.

Sytuacja 2: Problemy z prowadzeniem folii na liniach automatycznych - „zacinanie się" podczas konfekcjonowania

Kolejny przykład pochodzi z firmy, która produkowała folie do automatycznych maszyn pakujących. Klienci zgłaszali problemy z „zacinaniem się" folii na ich liniach produkcyjnych, powodujące przestoje, dodatkowe koszty i frustracje.

Po przeanalizowaniu specyfikacji folii oraz procesów pakowania u klientów okazało się, że folia miała zbyt wysoki współczynnik tarcia powierzchni. Operatorzy próbowali rozwiązać problem poprzez zmianę napięcia folii, jednak nie dawało to oczekiwanych rezultatów.

W tej sytuacji zaproponowałam wdrożenie dodatku poślizgowego (oleamid) w dawce około 0,5%. Po przeprowadzeniu testów pilotażowych folia zyskała zauważalnie lepsze właściwości przesuwne. Klienci producenta bardzo szybko potwierdzili znaczną poprawę - folie przestały się zacinać, zwiększyła się wydajność ich linii pakujących oraz ogólne zadowolenie z produktów.

Wniosek praktyczny:

Dodatek poślizgowy warto wdrożyć, gdy zauważysz, że folia sprawia problemy na liniach automatycznych u Twoich klientów - na przykład zacina się lub nierówno rozwija.

Sytuacja 3: Niska odporność mechaniczna folii w transporcie i konfekcjonowaniu

Trzeci przykład dotyczy firmy produkującej folie stretch hood oraz folie termokurczliwe. Podczas konfekcjonowania oraz późniejszego stosowania folii u klientów dochodziło do uszkodzeń wynikających z niewystarczającej elastyczności i odporności mechanicznej materiału. Klienci zgłaszali reklamacje, a zakład ponosił wysokie koszty związane z niedopasowaniem właściwości folii do rzeczywistych warunków pracy.

Po szczegółowej analizie stwierdziłam, że folia miała niewystarczającą elastyczność. Zaproponowałam wdrożenie dodatku EVA (kopolimeru etylenu i octanu winylu) w dawce około 5-7%.

Rezultaty były natychmiastowe - folia z dodatkiem EVA wykazywała znacznie wyższą elastyczność oraz odporność na uszkodzenia mechaniczne. Liczba reklamacji dotyczących tego problemu spadła do minimum.

Warto wyraźnie rozróżnić dwa różne przypadki stosowania EVA.

EVA nie jest zalecana jako nośnik w koncentratach barwiących do folii, ponieważ wprowadzana w niewielkiej ilości wraz z barwnikiem nie rozkłada się równomiernie w całej objętości folii, lecz działa głównie lokalnie, w strefach powierzchniowych. W takiej ilości nie jest w stanie poprawić właściwości mechanicznych folii, natomiast zmienia jej zachowanie powierzchniowe i stabilność procesu.

Inaczej wygląda sytuacja, gdy EVA jest świadomie dodawana jako składnik receptury folii, w odpowiednim udziale. Dopiero przy wyższej zawartości EVA wpływa ona na całą strukturę materiału, zwiększając elastyczność oraz odporność na uszkodzenia mechaniczne. W takim przypadku jej działanie jest przewidywalne i pozwala skutecznie poprawić zachowanie folii podczas konfekcjonowania i użytkowania, na przykład w foliach stretch hood lub termokurczliwych.

Wniosek praktyczny:

Dodatek EVA ma sens wyłącznie wtedy, gdy celem jest poprawa elastyczności i odporności mechanicznej folii w trakcie konfekcjonowania i użytkowania.

7.3.1 Kiedy w ogóle rozważać stosowanie dodatków?

Na podstawie doświadczeń zdobytych podczas realizacji projektów wdrożeniowych i pracy z zakładami produkcyjnymi rekomenduję rozważyć stosowanie dodatków w następujących sytuacjach:

- Gdy regularnie pojawiają się reklamacje jakościowe, których przyczyna wynika z właściwości materiałowych folii.
- Gdy produkcja generuje dużą ilość odpadów wynikających z problemów jakościowych.
- Gdy folia sprawia problemy podczas automatycznych procesów pakowania i konfekcjonowania u klientów końcowych.
- Gdy występują problemy z właściwościami użytkowymi folii - elektryzowaniem, sklejaniem, uszkodzeniami mechanicznymi, degradacją UV.

Pamiętaj jednak, że dodatki należy wdrażać świadomie, na podstawie prób technologicznych, aby mieć pełną kontrolę nad ich wpływem na końcowe właściwości folii.

7.3.2 Kryteria decyzyjne przy wdrażaniu dodatków:

- **Koszty i korzyści:**
  Zawsze analizuj ekonomiczną opłacalność stosowania dodatków. Koszt ich zastosowania powinien być niższy niż koszty reklamacji, strat materiałowych lub obniżonej wydajności wynikających z ich braku.
- **Wymagania klientów końcowych:**
  Dodatki stosuj w odpowiedzi na konkretne wymagania klientów dotyczące właściwości użytkowych folii, takich jak zgrzewalność, poślizg, stabilność czy odporność na warunki użytkowania.
- **Próby technologiczne przed wdrożeniem:**
  Nigdy nie wdrażaj dodatków na pełną skalę bez wcześniejszych prób pilotażowych i sprawdzenia ich wpływu na proces oraz jakość wyrobu. Dzięki temu unikniesz kosztownych błędów i nieprzewidzianych skutków ubocznych.

Najczęściej popełniane błędy przy wdrażaniu dodatków - jak ich skutecznie uniknąć?

- **Brak prób technologicznych:** Zawsze wykonuj testy przed wdrożeniem dodatków do masowej produkcji. Wdrażając dodatki bez testów ryzykujesz poważne problemy jakościowe
- **Nieprecyzyjne dawkowanie dodatków:** Ustalaj dokładne dawki dodatków i regularnie je kontroluj. Zbyt mała lub zbyt duża ilość może spowodować odwrotny skutek.
- **Ignorowanie opinii operatorów maszyn:** Korzystaj z doświadczeń operatorów i pytaj o ich obserwacje na temat właściwości użytkowych folii po zastosowaniu dodatków.

7.3.3 Rekomendacja dotycząca dozowania dodatków

W praktyce najlepsze efekty przynosi stosowanie grawimetrycznych systemów dozowania surowców oraz dodatków funkcjonalnych i barwników. Umożliwiają one precyzyjne utrzymanie zadanej dawki, eliminują wahania ilości dodatków w mieszance i zapewniają stabilność właściwości folii, takich jak poślizg, działanie antyblokujące oraz powtarzalność koloru. W produkcji folii, gdzie nawet niewielkie odchylenia dawki mogą wpływać na jakość wyrobu, precyzja dozowania ma kluczowe znaczenie.

7.3.4 Podsumowanie

Stosowanie dodatków poprawiających jakość folii powinno być oparte na precyzyjnej analizie potrzeb Twojej produkcji, doświadczeniu technologicznym oraz realnych wymaganiach klientów końcowych. Warto stosować dodatki wtedy, gdy problemy jakościowe wyraźnie wpływają na opłacalność produkcji, poziom reklamacji oraz stabilność parametrów Twoich wyrobów. Dzięki stosowaniu tych zasad będziesz w stanie świadomie podejmować decyzje technologiczne, znacząco poprawiając jakość swoich folii i wzmacniając pozycję rynkową swojej firmy.

7.4 Jak dobierać dodatki do rodzaju produkowanej folii - wskazówki praktyczne

Dobór odpowiednich dodatków do produkcji folii metodą rozdmuchu to kluczowy element uzyskania wysokiej jakości produktów końcowych oraz spełnienia specyficznych oczekiwań klientów. Każdy rodzaj folii oraz konkretna aplikacja mają swoje własne wymagania techniczne, dlatego też dodatki powinny być precyzyjnie dobrane pod kątem oczekiwanych właściwości użytkowych, ekonomicznych i jakościowych.

Dobór dodatków powinien uwzględniać zarówno wymagania techniczne danej folii, jak i warunki jej dalszego przetwarzania oraz użytkowania. Zastosowanie się do tych rekomendacji pozwoli Ci na znaczną poprawę jakości produktów, zmniejszenie ilości odpadów produkcyjnych oraz skuteczniejszą realizację zamówień dla Twoich klientów.

Krok 1: Precyzyjne określenie rodzaju produkowanej folii i jej zastosowania

Pierwszym krokiem do właściwego doboru dodatków jest dokładne określenie rodzaju folii, którą produkujesz oraz jej ostatecznego przeznaczenia. Różnice w zastosowaniu folii powodują, że te same dodatki mogą działać korzystnie w jednym przypadku, a w innym prowadzić do problemów jakościowych lub technologicznych.

Oto podstawowe rodzaje folii wraz z typowymi wymaganiami:

- **Folia opakowaniowa LDPE/LLDPE:**
  - przejrzystość
  - łatwość rozwijania
  - stabilność wymiarowa
  - dobre właściwości zgrzewalne
  - powtarzalne właściwości powierzchniowe (kontrolowany współczynnik tarcia, brak sklejania warstw)
- **Folia stretch hood:**
  - wysoka elastyczność
  - duża odporność na uszkodzenia mechaniczne
  - łatwość konfekcjonowania
  - wysoka siła zapamiętania kształtu
- **Folia termokurczliwa:**
  - wysoka przejrzystość
  - szybkie i równomierne obkurczanie

  - dobra odporność mechaniczna
- **Folia szklarniowa i rolnicza:**
  - wysoka odporność na promieniowanie UV
  - trwałość przez kilka sezonów
  - odporność na działanie warunków atmosferycznych
- **Folia techniczna i budowlana:**
  - wysoka wytrzymałość mechaniczna
  - odporność chemiczna
  - łatwość obróbki technologicznej

Każda z tych folii ma specyficzne wymagania, które wpływają na dobór odpowiednich dodatków funkcjonalnych.

Krok 2: Zidentyfikowanie specyficznych problemów produkcyjnych i jakościowych

Przed wyborem konkretnych dodatków należy szczegółowo zidentyfikować typowe problemy występujące podczas produkcji oraz w aplikacjach końcowych u klientów.

Do najczęściej występujących problemów należą:

- sklejanie się warstw folii (blokowanie),
- problemy z przesuwnością folii (wysokie tarcie),
- niska odporność mechaniczna (rozdarcia, uszkodzenia),
- szybkie starzenie się folii (degradacja UV),
- elektryzowanie się folii (nagromadzenie ładunków elektrostatycznych),
- nierównomierna grubość i słaba jakość wizualna.

Na tym etapie warto zebrać informacje od klientów końcowych oraz zespołów produkcyjnych po stronie zakładu, w szczególności od operatorów i osób odpowiedzialnych za jakość, aby mieć pełen obraz potrzeb jakościowych.

Krok 3: Wybór odpowiednich dodatków pod kątem rodzaju problemu i oczekiwań klientów

Nie każdy problem produkcyjny lub jakościowy wymaga zastosowania dodatków. W sytuacjach, w których przyczyna problemu ma charakter materiałowy, poniżej przedstawiam Ci rekomendowane dodatki dla poszczególnych typowych problemów:

Dodatki do tworzyw sztucznych w postaci granulatu (masterbatch) - najczęściej stosowana forma dodatków w produkcji folii metodą rozdmuchu.

Dobór dodatków do folii w zależności od problemu jakościowego

Problem produkcyjny/ jakościowy	Polecany dodatek	Zalecana dawka
Sklejanie się folii (blokowanie)	Antybloker (krzemionka syntetyczna, ziemia okrzemkowa)	1-2%
Problemy z przesuwnością (wysoki współczynnik tarcia)	Dodatek poślizgowy (oleamid, erukamid[29])	0,3-1%
Niska odporność mechaniczna	Kopolimer EVA (etylen-octan winylu)	3-7%
Degradacja UV (folie rolnicze i szklarniowe)	Stabilizatory UV (HALS[30])	1-3%
Elektryzowanie się folii	Dodatek antystatyczny (amina tłuszczowa)	0,2-0,5%

Podane wartości procentowe są orientacyjne i wymagają każdorazowej weryfikacji w warunkach rzeczywistej produkcji.

[29] **oleamid, erukamid**
Ang. *oleamide*, *erucamide* - polskie nazwy: oleamid (amid kwasu oleinowego) oraz erukamid (amid kwasu erukowego); dodatki poślizgowe stosowane w produkcji folii.

[30] **stabilizatory UV (HALS)**
Ang. *Hindered Amine Light Stabilizers* - stabilizatory aminowe o ograniczonej reaktywności, chroniące folie przed degradacją spowodowaną promieniowaniem UV poprzez neutralizację wolnych rodników; stosowane głównie w foliach rolniczych, szklarniowych i technicznych.

Odpowiednie dodatki to mniej wad, stabilniejszy proces i przewidywalna jakość folii.

Dobór dodatków decyduje o zachowaniu folii w procesie i w zastosowaniu.

ROZDZIAŁ 8

STUDIUM PRZYPADKÓW Z ZAKŁADÓW PRODUKCYJNYCH

Przez ponad 20 lat pracy z zakładami produkcyjnymi zajmującymi się wytłaczaniem folii i recyklingiem tworzyw sztucznych miałam możliwość analizowania wielu problemów produkcyjnych, wyzwań technologicznych oraz sposobów ich rozwiązywania. W tym rozdziale przedstawiam wybrane przykłady z zakładów produkcyjnych, które pokazują typowe problemy występujące w produkcji folii metodą rozdmuchu.

Rozdział ma charakter praktyczny, ponieważ opiera się na sytuacjach spotykanych podczas pracy z liniami produkcyjnymi. Opisane przypadki odnoszą się do sytuacji analizowanych wspólnie z operatorami linii, technologami i kierownikami produkcji. Na ich podstawie pokazuję sposób diagnozowania problemów oraz logikę działań korygujących, które można odnieść do podobnych sytuacji produkcyjnych.

Rozdział został podzielony na trzy części. Pierwsza część dotyczy typowych błędów pojawiających się w zakładach oraz działań, które pozwoliły ograniczyć ich skutki. W kolejnych częściach pokazuję przykłady optymalizacji produkcji oraz wybrane instalacje technologiczne uruchamiane w ramach projektów Rolbatch. Więcej zdjęć i materiałów wideo znajdziesz w naszych kursach online. Przykłady te pokazują, jak analizować problemy produkcyjne i dobierać działania korygujące do rzeczywistych przyczyn odchyleń.

Zanim przejdziemy do konkretnych studiów przypadków, warto jasno zaznaczyć jedną rzecz. W praktyce przetwórstwa folii nie istnieje jeden uniwersalny dodatek ani jedno uniwersalne rozwiązanie, które rozwiązuje wszystkie problemy technologiczne. Każdy przypadek wymaga indywidualnej analizy i weryfikacji w warunkach rzeczywistego procesu.

Część sytuacji opisanych w tym rozdziale wielu z Was zna z codziennej praktyki. Doświadczeni operatorzy i technolodzy spotykali się z nimi wielokrotnie i często mają już własne, sprawdzone sposoby reagowania. Inne przypadki mogą być mniej oczywiste albo jeszcze nie wystąpiły na Waszych liniach - ale prędzej czy później pojawiają się w większości zakładów.

W każdym z opisanych przykładów kluczową rolę odgrywa proces dochodzenia do rozwiązania, a nie samo rozwiązanie końcowe. Technolog zazwyczaj przeprowadza serię prób technologicznych z różnymi wariantami receptury i ustawień procesu, następnie wykonuje badania właściwości folii oraz próby starzeniowe - zarówno laboratoryjne, jak i w warunkach zbliżonych do rzeczywistej eksploatacji. Dopiero na podstawie wyników tych testów możliwe jest potwierdzenie, że dane rozwiązanie jest właściwe dla konkretnego zastosowania.

Celem tego rozdziału nie jest opisywanie „idealnych recept", lecz pokazanie mechanizmów powstawania problemów, sposobu ich analizy oraz logiki podejmowanych decyzji technologicznych. Dzięki temu nawet znane sytuacje można spojrzeć z innej perspektywy, a te mniej oczywiste - rozpoznać i rozwiązać szybciej, gdy pojawią się w praktyce.

Kiedy człowiek staje się najsłabszym ogniwem – a czasem jedynym, który jeszcze coś widzi

W branży tworzyw sztucznych mówi się dużo o technologii, chłodzeniu, rozciąganiu, parametrach wytłaczarki. Ale rzadko kiedy rozmawia się o tym, kto stoi przy tej wytłaczarce. O człowieku. A przecież to człowiek:

- ustawia głowicę,
- ocenia stabilność balonu,
- reaguje na pierwsze objawy niestabilnej pracy linii, często zanim operator zdąży je zauważyć na panelu sterowania[31].

I to człowiek - zmęczony, zestresowany, sam na zmianie - **często musi podjąć kluczową decyzję w kilka sekund**.

Cytaty z hali produkcyjnej, których nie przeczytasz w podręcznikach:

„Maszyna potrafi pracować godzinami bez problemu, a potem nagle balon się rwie - i wszyscy patrzą na ciebie, jakbyś coś przestawił. A przecież czasem wystarczy

[31] Automatyka może w tym samym czasie rejestrować odchylenia parametrów procesu, jednak operator nie zawsze obserwuje panel sterowania w momencie ich pojawienia się.

przeciąg z hali."

- operator linii do folii LDPE, zmiana nocna

„Najwięcej błędów robi się pod koniec zmiany. Wtedy wszystko niby działa, ale człowiek już nie widzi różnicy między 180 a 210 stopni na panelu. Wszystko mieni się w oczach"

- operator wytłaczarki, 12-letnie doświadczenie

„Zanim sam ustawiłem głowicę, przyglądałem się kolegom przez pół roku. Szkolenia są ważne, ale jak nie pokażą ci balonu w realu, to i tak nic nie zrozumiesz. Świetnie jak w szkoleniach są pokazane video z realnej produkcji. Wtedy łatwiej wszystko zrozumieć"

- młodszy operator

„Szefowie chcą, żeby folia była idealna, ale jak ci się linia zatrzyma, to nie pytają 'dlaczego?', tylko 'kiedy ruszy'. A ty stoisz między maszyną a planem produkcji."

- operator z zakładu produkującego folie stretch hood

Co możemy z tym zrobić?

Z perspektywy technologicznej:

- **rotacja stanowisk** i planowanie zmian,
- **cykliczne szkolenia praktyczne**,

- **przemyślana analiza błędów bez szukania winnych**,
- **budowanie kompetencji i decyzyjności operatorów** - to wszystko wpływa bezpośrednio na stabilność procesu i jakość folii.

Bo kiedy człowiek popełni błąd decyzyjny, automatyka nie zawsze jest w stanie go skorygować.

To od jego decyzji zależy, czy ta folia zostanie w magazynie, czy wróci z reklamacją.

8.1 Typowe błędy i ich rozwiązania na przykładach

W tej sekcji chcę przedstawić Ci szczegółowe przykłady typowych błędów technologicznych i produkcyjnych, które zaobserwowałam podczas realizacji ponad 200 projektów wdrażania linii technologicznych. Przykłady zostały wybrane dlatego, że podobne problemy często pojawiają się w zakładach produkcyjnych i wymagają uporządkowanej analizy przyczyn.

Przykład 1: Nierównomierna grubość folii wynikająca z niewłaściwego ustawienia szczeliny ustnika

W jednym z zakładów produkcyjnych, który produkuje folię LDPE do pakowania żywności, zauważono regularne problemy z nierównomierną grubością folii. Klienci zgłaszali liczne reklamacje, zwłaszcza że folia ta była stosowana na automatycznych maszynach pakujących. Po szczegółowej analizie procesu produkcyjnego okazało się, że przyczyną był niewłaściwie ustawiony ustnik głowicy wytłaczarskiej, w którym szczelina pierścieniowa nie była precyzyjnie skalibrowana.

Rozwiązanie:

Przeprowadziliśmy precyzyjną kalibrację szczeliny ustnika, wykorzystując dokładne narzędzia pomiarowe, takie jak specjalistyczne szczelinomierze. Wdrożyliśmy również codzienną rutynową kontrolę ustawienia szczeliny przez operatorów. Dzięki temu udało się ustabilizować grubość folii, ograniczyć reklamacje związane z jej nierównomiernością i poprawić powtarzalność parametrów wyrobu.

Przykład 2: Marszczenie folii podczas nawijania związane ze złym naprężeniem materiału

W innym zakładzie, zajmującym się produkcją folii stretch hood, występowały częste problemy z marszczeniem się folii podczas nawijania, powodujące duże ilości odpadu i reklamacje klientów. Po analizie sytuacji technologicznej zauważyłam, że głównym powodem było niewłaściwe naprężenie folii w momencie jej prowadzenia przez rolki prowadzące na etapie nawijania.

Rozwiązanie:

Wdrożyliśmy systematyczną kontrolę i korektę naprężenia folii na etapie nawijania oraz skorygowaliśmy geometrię jej prowadzenia przez rolki. Po ustabilizowaniu parametrów mechanicznych zastosowaliśmy slip agent wyłącznie jako element wspierający ujednolicenie warunków tarcia powierzchniowego podczas nawijania. W efekcie problem marszczenia folii został trwale wyeliminowany w normalnych warunkach produkcyjnych.

Przykład 3: Intensywne sklejanie się folii podczas magazynowania

Firma produkująca folie opakowaniowe dla przemysłu spożywczego regularnie zmagała się z problemem intensywnego sklejania się warstw folii na rolach podczas magazynowania oraz przy rozwijaniu u klientów. Zjawisko to prowadziło do licznych reklamacji i utrudnień w dalszym przetwarzaniu folii. Po analizie procesu ustaliliśmy, że folia nie zawierała dodatków antyblokujących, a jednocześnie była nawijana i magazynowana w warunkach sprzyjających blokowaniu warstw.

Rozwiązanie:

Zaproponowałam wprowadzenie dodatku antyblokującego w postaci krzemionki syntetycznej, dobranej na podstawie prób technologicznych. Po przeprowadzeniu testów i optymalizacji dawki dodatek został wdrożony na stałe do receptury produkcyjnej. W efekcie uzyskano trwałe ograniczenie zjawiska sklejania się warstw folii w warunkach magazynowania i użytkowania, co przełożyło się na istotny spadek liczby reklamacji.

Przykład 4: Degradacja folii rolniczej pod wpływem promieniowania UV

W zakładzie produkującym folie rolnicze i tunelowe klienci regularnie zgłaszali przyspieszone starzenie się folii oraz spadek jej właściwości mechanicznych pod wpływem promieniowania UV. Po analizie procesu i receptury ustalono, że stosowany system stabilizacji UV był niewystarczający pod względem rodzaju i dawki stabilizatora.

Rozwiązanie:

Wdrożono stabilizator UV typu HALS, dobrany na podstawie prób technologicznych i wymagań eksploatacyjnych. Zastosowany system stabilizacji pozwolił znacząco spowolnić degradację folii w warunkach użytkowania, umożliwiając jej eksploatację przez kilka sezonów zamiast jednego. Przełożyło się to na wyraźną poprawę trwałości wyrobów i ograniczenie reklamacji.

Przykład 5: Problemy z elektryzowaniem się folii podczas konfekcjonowania i pakowania

Firma produkująca folie opakowaniowe dla przemysłu elektronicznego borykała się z problemem intensywnego elektryzowania się folii ujawniającym się podczas konfekcjonowania i pakowania wyrobów. Zjawisko to powodowało zakłócenia pracy urządzeń, utrudniało prowadzenie folii oraz prowadziło do reklamacji ze strony klientów.

Rozwiązanie:

Po analizie technologicznej wdrożono dodatek antystatyczny w postaci aminy tłuszczowej, dobrany na podstawie prób technologicznych, w dawce rzędu 0,3%. Zastosowanie dodatku pozwoliło skutecznie ograniczyć elektryzowanie się folii w trakcie konfekcjonowania i pakowania, co przełożyło się na stabilniejszą pracę procesu oraz wyraźne zmniejszenie liczby reklamacji.

Podsumowanie i kluczowe wnioski:

Każdy z opisanych przykładów dotyczył rzeczywistego problemu technologicznego występującego w zakładach przetwórstwa folii. W każdym przypadku kluczowe znaczenie miała rzetelna analiza przyczyn problemu, oparta na obserwacji procesu, znajomości materiału oraz doświadczeniu zdobytym podczas realizacji projektów wdrożeniowych.

Przedstawione studia przypadków pokazują, że skuteczne rozwiązywanie problemów w przetwórstwie folii wymaga połączenia wiedzy technologicznej, materiałoznawczej oraz świadomego stosowania dodatków funkcjonalnych - zawsze w odniesieniu do konkretnego procesu i warunków produkcyjnych. Opisane działania prowadziły do stabilizacji procesów, poprawy powtarzalności jakości wyrobów oraz ograniczenia liczby reklamacji.

Celem tych przykładów nie jest prezentowanie „gotowych recept", lecz pokazanie sposobu analizy problemów i logiki podejmowanych decyzji technologicznych. Taki sposób pracy pozwala skutecznie rozwiązywać również inne, podobne problemy pojawiające się w praktyce produkcyjnej.

Przykłady optymalizacji procesów oraz opisy instalacji technologicznych uruchamianych w zakładach w Polsce i za granicą pokazują praktyczne podejście do rozwiązywania problemów produkcyjnych.

8.2 Realne przykłady optymalizacji produkcji z praktyki Rolbatch

Każdy z wcześniej opisanych przykładów pokazuje, jak wyglądała sytuacja wyjściowa, w jaki sposób przeprowadzono analizę problemu oraz jakie działania korygujące zostały wdrożone na etapie procesu, ustawień linii lub doboru surowców i dodatków. Kluczowe znaczenie miało tu uporządkowane podejście technologiczne, oparte na obserwacji procesu, analizie danych produkcyjnych oraz weryfikacji efektów w warunkach rzeczywistej pracy linii.

Opisane przypadki ilustrują, w jaki sposób świadoma optymalizacja prowadzi do stabilizacji procesu, poprawy powtarzalności jakości wyrobów oraz ograniczenia strat i reklamacji. Celem tej części rozdziału jest pokazanie logiki działań wdrożeniowych i podejmowanych decyzji technologicznych, a nie prezentacja gotowych schematów do bezpośredniego kopiowania.

Przykład 1: Redukcja odpadów produkcyjnych w zakładzie produkującym folię LDPE dla przemysłu spożywczego

W jednym z zakładów, z którym miałam okazję współpracować, od dłuższego czasu występował wysoki poziom odpadów produkcyjnych, sięgający 10-12%. Operatorzy linii wskazywali na problemy związane z nierównomierną grubością folii oraz niestabilnością balonu podczas rozdmuchu. Analiza parametrów procesu wykazała, że ustawienia temperatury głowicy oraz warunki chłodzenia nie były dostosowane do stosowanego surowca, a operatorzy nie dysponowali jednoznacznymi procedurami kontroli procesu.

Zaproponowano przeprowadzenie testów surowca z wykorzystaniem plastometru (RBM2[32]) w celu oceny stabilności wskaźnika płynięcia oraz zmienności właściwości reologicznych materiału. Uzyskane wyniki potwierdziły, że proces wymagał dostosowania ustawień temperaturowych i warunków chłodzenia do rzeczywistych parametrów surowca, co pozwoliło ustabilizować pracę głowicy i balonu foliowego.

Równolegle wdrożono rutynowe pomiary grubości folii na całej szerokości rękawa foliowego, umożliwiające bieżącą reakcję operatorów na pojawiające się odchylenia. Dodatkowo wprowadzono krzemionkę syntetyczną jako dodatek antyblokujący, dobrany na podstawie prób technologicznych, w celu ograniczenia problemów ze sklejaniem się warstw folii na rolach na dalszych etapach przetwarzania.

Efekty wdrożonych działań były widoczne w kolejnych tygodniach. Ustabilizowanie parametrów procesu oraz wprowadzenie jasnych procedur kontrolnych doprowadziły do zmniejszenia zmienności produkcji, co po dwóch miesiącach przełożyło się na spadek poziomu odpadów produkcyjnych poniżej 5% oraz ograniczenie

[32] **Plastometr Rolbatch** model RBM2 służy **do badania masowego wskaźnika płynięcia tworzyw (MFR)**, natomiast model RBH2 umożliwia pomiar zarówno masowego (MFR), jak i **objętościowego wskaźnika płynięcia (MVR)** wg normy **ISO 1133**.

strat materiałowych. Jakość folii spełniała wymagania odbiorców końcowych.

Przykład 2: Optymalizacja procesu produkcji folii stretch hood - zwiększenie wydajności produkcyjnej o 25%

Innym przykładem optymalizacji był projekt realizowany w dużym zakładzie produkującym folie typu stretch hood. Zakład borykał się z niską wydajnością produkcji, sięgającą około 70% nominalnej zdolności linii. Przyczyną były częste przestoje wynikające ze zrywania się rękawa foliowego oraz niestabilnego prowadzenia balonu i rękawa.

Przeprowadzono szczegółową analizę technologiczną obejmującą pomiary wskaźnika płynięcia surowca, MFI, z wykorzystaniem plastometru RBM2 oraz kontrolę wilgotności granulatu przy użyciu wilgotnościomierza. Analiza wykazała istotną zmienność parametrów stosowanego surowca LLDPE, co wymagało dostosowania ustawień temperatury wytłaczarki oraz warunków chłodzenia rękawa foliowego do rzeczywistych właściwości materiału.

Po ustabilizowaniu parametrów procesu wdrożono EVA jako świadomy składnik receptury, dobrany w celu poprawy elastyczności folii i jej odporności na rozrywanie. Równolegle przeszkolono operatorów w zakresie rutynowej kontroli wskaźnika MFI oraz bieżącej korekty podstawowych parametrów procesu w odpowiedzi na zmienność surowca.

W wyniku wdrożonych działań wydajność produkcji folii stretch hood wzrosła do około 95% nominalnej zdolności linii, a liczba przestojów związanych z problemami technologicznymi została istotnie ograniczona. Pozwoliło to na stabilniejszą pracę linii i lepsze wykorzystanie jej potencjału produkcyjnego.

Przykład 3: Wydłużenie okresu użytkowania folii szklarniowej poprzez zastosowanie stabilizacji UV

W kolejnym projekcie, realizowanym w firmie produkującej folie rolnicze i szklarniowe, kluczowym problemem była niska trwałość folii w warunkach eksploatacji. Folia szklarniowa wykazywała przyspieszoną degradację pod wpływem promieniowania UV, prowadzącą do utraty elastyczności i właściwości mechanicznych już po jednym sezonie użytkowania. Skutkowało to niezadowoleniem klientów oraz powtarzającymi się reklamacjami.

Rozwiązanie:

Po przeprowadzeniu analizy technologicznej oraz konsultacji materiałowej zaproponowano wdrożenie systemu stabilizacji UV opartego na stabilizatorach typu HALS, dobranych na podstawie prób technologicznych i wymagań eksploatacyjnych. Zastosowanie odpowiednio dobranej stabilizacji pozwoliło znacząco spowolnić proces degradacji folii w warunkach użytkowania, wydłużając jej okres eksploatacji z jednego do kilku sezonów. W efekcie ograniczono liczbę reklamacji, a folia spełniała oczekiwania użytkowe w dłuższym okresie czasu.

Przykład 4: Ograniczenie elektryzowania się folii opakowaniowej poprzez zastosowanie antystatyku

W kolejnym projekcie jeden z klientów produkujących folie do pakowania wyrobów elektronicznych zgłaszał problem intensywnego elektryzowania się folii ujawniający się podczas konfekcjonowania i pakowania. Zjawisko to powodowało reklamacje klientów końcowych, utrudniało prowadzenie folii na liniach pakujących oraz obniżało efektywność procesu.

Rozwiązanie:

Po przeprowadzeniu analizy technologicznej wdrożono dodatek antystatyczny w postaci aminy tłuszczowej, dobrany na podstawie prób technologicznych, w dawce rzędu 0,3%. Zastosowanie dodatku pozwoliło skutecznie ograniczyć gromadzenie ładunków elektrostatycznych na powierzchni folii w warunkach konfekcjonowania i pakowania, co przełożyło się na stabilniejszą pracę linii oraz istotne zmniejszenie liczby reklamacji.

Przykład 5: Poprawa przejrzystości i ograniczenie odpadu w produkcji folii LDPE poprzez optymalizację chłodzenia balonu

Jeden z klientów produkujących przezroczystą folię LDPE zgłaszał problemy z niewystarczającą przejrzystością wyrobu gotowego. Prowadziło to do reklamacji ze strony odbiorców, ponieważ folia nie spełniała wymagań dotyczących jakości wizualnej.

Po przeprowadzeniu analizy procesu ustalono, że główną przyczyną problemu były niewłaściwe ustawienia intensywności i równomierności chłodzenia balonu foliowego, wpływające na przebieg krystalizacji materiału. W ramach działań wdrożeniowych wprowadzono kontrolę parametrów chłodzenia, w tym temperatury stopu, temperatury i przepływu powietrza chłodzącego oraz stabilności położenia linii krzepnięcia.

Na podstawie zebranych danych skorygowano ustawienia chłodzenia balonu i doprowadzono do stabilizacji procesu. Efektem była wyraźna poprawa przejrzystości folii oraz ograniczenie liczby odrzutów wynikających z niespełnienia wymagań wizualnych. W rezultacie poziom odpadu produkcyjnego został obniżony o ponad 30%, a linia mogła pracować stabilniej i z wyższą efektywnością.

Wnioski końcowe - znaczenie optymalizacji procesów produkcyjnych

Każdy z opisanych przykładów pokazuje, że skuteczna optymalizacja produkcji opiera się na rzetelnej analizie technologicznej, znajomości zachowania materiału oraz świadomych korektach parametrów procesu. Optymalizacja nie jest celem samym w sobie, lecz narzędziem prowadzącym do stabilizacji procesu i poprawy jego powtarzalności.

W praktyce przemysłowej przekłada się to na:

- ograniczenie odpadów i strat materiałowych,
- poprawę stabilności jakości wyrobów,

- zmniejszenie liczby reklamacji wynikających z niestabilności procesu,
- lepsze wykorzystanie zdolności produkcyjnych linii.

Przedstawione w tym rozdziale przykłady nie mają charakteru uniwersalnych rozwiązań, lecz pokazują sposób analizy problemów i podejmowania decyzji technologicznych w rzeczywistych warunkach produkcyjnych. Takie podejście pozwala skutecznie reagować również na inne problemy pojawiające się w codziennej pracy zakładów przetwórstwa folii.

W kolejnej części rozdziału zaprezentowane zostały wybrane instalacje technologiczne uruchamiane w ramach projektów realizowanych przez Rolbatch, wraz z omówieniem ich założeń procesowych i praktycznych aspektów wdrożenia.

8.3 Przykłady wdrożeń i instalacji linii technologicznych Rolbatch w praktyce przemysłowej

W poprzednich podrozdziałach przedstawione zostały studia przypadków dotyczące typowych problemów produkcyjnych oraz przykładów optymalizacji procesów technologicznych w produkcji folii metodą rozdmuchu. W tej części zaprezentowane zostaną praktyczne przykłady wdrożeń i instalacji konkretnych linii technologicznych realizowanych w ramach projektów prowadzonych przez Rolbatch.

Opisane projekty pokazują, jak wygląda proces wdrożenia linii technologicznej od strony praktycznej - od założeń projektowych, przez uruchomienie i stabilizację procesu, aż po osiągnięcie zakładanych parametrów pracy linii. W każdym przypadku istotne znaczenie miało dopasowanie konfiguracji technicznej do rzeczywistych warunków produkcyjnych oraz wymagań procesu.

W podrozdziale przedstawione zostały trzy wybrane instalacje technologiczne, ilustrujące różne podejścia do realizacji projektów wdrożeniowych, odmienne konfiguracje linii oraz zróżnicowane wymagania procesowe.

Opisane przykłady wskazują kluczowe czynniki wpływające na powodzenie wdrożenia, w tym decyzje techniczne podejmowane na etapie projektowania, uruchomienia i stabilizacji pracy linii.

Warto zaznaczyć, że celem tej książki nie jest szczegółowy opis technologii produkcji folii metodą rozdmuchu ani prezentacja kompletnych konfiguracji linii technologicznych. Skupiamy się tutaj na problemach pojawiających się w praktyce produkcyjnej, sposobach ich analizy oraz decyzjach technologicznych podejmowanych na etapie eksploatacji i optymalizacji procesu. Opisy wdrożeń i instalacji mają charakter poglądowy i służą pokazaniu logiki projektowej oraz praktycznych aspektów uruchamiania linii, a nie pełnej dokumentacji technologicznej.

Przykład 1: Instalacja linii do produkcji folii LDPE - poprawa przejrzystości i stabilności procesu

Problem wyjściowy:

Zakład produkujący folie LDPE dla branży opakowań spożywczych zmagał się z problemami jakościowymi, które obejmowały nierównomierną grubość folii oraz pogorszoną przejrzystość wyrobu. Wahania jakości powodowały wysoki poziom odpadu i reklamacji. Analiza wykazała, że problemy nie wynikały z jednego parametru, lecz z niestabilnych warunków chłodzenia i formowania rękawa, które wpływały na przebieg krystalizacji LDPE.

Sposób podejścia do problemu[33]:

W pierwszym etapie skoncentrowano się na identyfikacji czynników decydujących o przejrzystości folii. Kluczowe znaczenie miały:

- intensywność i równomierność chłodzenia balonu foliowego,
- stabilność położenia linii krzepnięcia,
- powtarzalność temperatury stopu w strefie głowicy,
- możliwość bieżącej kontroli profilu grubości i szybkiej reakcji na odchylenia.

W ramach wdrożenia nowej linii technologicznej zastosowano rozwiązania umożliwiające stabilne i jednorodne

[33] Zagadnienia związane z **monitorowaniem profilu grubości folii**, interpretacją danych z systemów pomiarowych oraz ich wykorzystaniem w stabilizacji procesu zostały szczegółowo omówione w **kursach z serii „Wytłaczanie folii metodą rozdmuchu”.**

chłodzenie balonu, precyzyjną kontrolę temperatury stopu oraz ciągłe monitorowanie profilu grubości folii w czasie rzeczywistym z wykorzystaniem **systemu pomiaru grubości online** w technologii podczerwieni.

Kluczowym elementem było zastosowanie dwustopniowego pierścienia chłodzącego (double air ring)[34], który pozwolił na bardziej równomierne i kontrolowane odprowadzanie ciepła z balonu foliowego.

[34] **Dwustopniowy pierścień chłodzący (double air ring)** - układ chłodzenia balonu foliowego wykorzystujący dwa niezależne strumienie powietrza, umożliwiający bardziej równomierne i kontrolowane odprowadzanie ciepła z rękawa folii niż w przypadku klasycznego pierścienia jednostrumieniowego. Rozwiązanie to pozwala na stabilizację położenia linii krzepnięcia, ograniczenie turbulencji powietrza oraz poprawę właściwości optycznych i powtarzalności jakości folii.

Dzięki temu ograniczono lokalne różnice krystalizacji, które wcześniej powodowały zmętnienia, pasmowość optyczną i zmienność przejrzystości folii.

Efekty wdrożenia:

Po uruchomieniu i ustabilizowaniu pracy linii uzyskano wyraźną poprawę przejrzystości folii, wynikającą z bardziej jednorodnych warunków chłodzenia i stabilnego przebiegu krystalizacji. Jednocześnie znacząco ograniczono liczbę odrzutów wynikających z niespełnienia wymagań wizualnych. Poziom odpadu produkcyjnego obniżył się o około 50%, a proces stał się powtarzalny i stabilny w dłuższym okresie czasu. Wydajność produkcji wzrosła o ponad 35% w porównaniu z wcześniej eksploatowaną linią, głównie dzięki eliminacji przestojów i korekt wynikających z niestabilności procesu.

Przykład 2: Wdrożenie linii do produkcji folii stretch hood - poprawa elastyczności i odporności mechanicznej

Opis sytuacji wyjściowej:

Zakład produkujący folie typu stretch hood dla przemysłu ciężkiego zgłaszał problemy z niewystarczającą odpornością mechaniczną folii, które ujawniały się podczas aplikacji stretch hood u klientów końcowych. Folia ulegała rozrywaniu w trakcie rozciągania na paletach, co prowadziło do reklamacji oraz strat materiałowych po stronie odbiorców.

Analiza wykazała, że istniejące linie technologiczne nie zapewniały wystarczającej powtarzalności właściwości mechanicznych folii ani stabilnej kontroli parametrów procesu, które decydują o jej zachowaniu podczas rozciągania, niezależnie od doświadczenia operatorów. Problem wynikał z połączenia technologii, receptury i ograniczeń linii i nie mógł zostać skutecznie rozwiązany wyłącznie poprzez doraźne korekty ustawień.

Podejście do rozwiązania problemu:

Celem wdrożenia było wyeliminowanie przyczyn rozrywania folii poprzez poprawę elastyczności oraz powtarzalności jej właściwości mechanicznych. W ramach projektu wdrożono linię technologiczną do produkcji folii stretch hood umożliwiającą stabilne sterowanie procesem rozdmuchu oraz precyzyjne dozowanie EVA jako świadomego składnika receptury, dobranego w celu zwiększenia odporności folii na rozciąganie i rozrywanie.

Równolegle wdrożono systematyczną kontrolę parametrów surowca i procesu, obejmującą pomiary masowego i objętościowego wskaźnika płynięcia (MFR i MVR), wilgotności granulatu oraz gęstości materiału. Pozwoliło to na bieżącą ocenę stabilności surowca oraz utrzymanie powtarzalnych właściwości mechanicznych folii, w tym jej elastyczności, poprzez kontrolę skuteczności wprowadzonych zmian recepturowych i procesowych.

Efekty wdrożenia:

- zachowanie folii podczas aplikacji stretch hood u klientów końcowych stało się powtarzalne i przewidywalne, co znacząco ograniczyło liczbę zgłaszanych problemów,

- zmniejszono ilość folii zwracanej przez klientów z powodu rozrywania podczas aplikacji stretch hood o około 40%,
- linia produkcyjna mogła pracować stabilnie, z wydajnością zbliżoną do nominalnej, bez konieczności częstych korekt parametrów procesu,
- poprawa powtarzalności właściwości mechanicznych folii umożliwiła stabilną realizację zamówień bez konieczności ponownej produkcji partii zastępczych.

Przykład 3: Instalacja linii technologicznej do produkcji folii rolniczych ze stabilizacją UV - wydłużenie okresu użytkowania folii

Opis sytuacji wyjściowej:

Producent folii szklarniowych i folii rolniczych zgłaszał problemy ze zbyt krótkim okresem użytkowania folii. Reklamacje klientów dotyczyły szybkiego starzenia się folii pod wpływem promieniowania UV, prowadzącego do utraty elastyczności i właściwości mechanicznych już po jednym sezonie stosowania. Analiza wykazała, że dotychczas stosowany system stabilizacji UV oraz prowadzony proces produkcyjny nie zapewniały wystarczającej i powtarzalnej trwałości folii.

Podejście do rozwiązania problemu:

Celem projektu było spowolnienie degradacji folii pod wpływem promieniowania UV oraz zapewnienie powtarzalnych właściwości mechanicznych w kolejnych partiach produkcyjnych. Kluczowym elementem było uporządkowanie i ustabilizowanie systemu stabilizacji UV, a nie sama zmiana technologii wytłaczania.

W ramach działań wdrożeniowych zastosowano precyzyjny system podawania grawimetrycznego surowców, zapewniający powtarzalne i kontrolowane dozowanie stabilizatorów UV typu HALS jako elementu receptury. Pozwoliło to wyeliminować wahania stężenia stabilizatora pomiędzy partiami produkcyjnymi i zapewnić jego jednorodne wprowadzenie do materiału.

Równolegle zwrócono uwagę na stabilność warunków procesu, w tym na powtarzalność temperatury stopu oraz warunki chłodzenia balonu foliowego, które wpływają na jednorodność struktury materiału oraz długoterminową skuteczność zastosowanego systemu stabilizacji UV.

Dodatkowo wdrożono systematyczną kontrolę jakości surowca i folii, obejmującą regularne badania laboratoryjne, takie jak pomiary masowego wskaźnika płynięcia (MFR), gęstości materiału oraz wilgotności granulatu. Badania te nie służyły bezpośredniej ocenie odporności UV, lecz zapewnieniu powtarzalności składu i warunków przetwórczych, od których zależy skuteczność zastosowanego systemu stabilizacji UV w czasie.

Efekty wdrożenia:

- okres użytkowania folii szklarniowych i rolniczych został wydłużony z jednego do kilku sezonów,
- liczba reklamacji związanych z szybkim starzeniem się folii uległa istotnemu ograniczeniu,

- właściwości mechaniczne folii stały się powtarzalne w kolejnych partiach produkcyjnych,
- systematyczna kontrola laboratoryjna umożliwiła utrzymanie stabilnych parametrów jakościowych oraz dalszą optymalizację procesu produkcji.

Kluczowe czynniki skutecznych wdrożeń linii technologicznych

Analiza opisanych wdrożeń pokazuje, że powodzenie uruchomienia i stabilizacji nowej linii technologicznej nie wynika z jednego elementu, lecz z uporządkowanego podejścia do procesu oraz konsekwencji w działaniu na kolejnych etapach.

Do najistotniejszych czynników należą:

- **Rzetelna analiza technologiczna i materiałowa**
  Przed podjęciem decyzji wdrożeniowych konieczne jest zrozumienie rzeczywistych problemów produkcyjnych, właściwości przetwarzanego surowca oraz wymagań stawianych gotowej folii. Pozwala to uniknąć błędnych założeń i nieadekwatnych rozwiązań technicznych.
- **Próby technologiczne przed uruchomieniem produkcji seryjnej**
  Testy przeprowadzane w warunkach zbliżonych do rzeczywistej produkcji umożliwiają weryfikację założeń procesowych, ocenę zachowania surowca oraz identyfikację potencjalnych źródeł niestabilności jeszcze przed rozpoczęciem regularnej pracy linii.
- **Systematyczna kontrola parametrów surowca i procesu**
  Regularne pomiary laboratoryjne, takie jak wskaźnik

płynięcia (MFR/MVR), wilgotność granulatu czy gęstość materiału, nie służą samej kontroli jakości, lecz utrzymaniu powtarzalności procesu. Bez tej kontroli nawet poprawnie zaprojektowana linia nie zapewni stabilnych wyników w dłuższym czasie.

- **Przygotowanie operatorów do pracy z nową linią** Uruchomienie linii technologicznej nie kończy się na jej instalacji. Operatorzy muszą rozumieć, które parametry procesu są krytyczne, jak reagować na odchylenia oraz jakie działania korygujące mają rzeczywisty wpływ na jakość folii.

Opisane w tym rozdziale przykłady pokazują, że skuteczne wdrożenie technologii to przede wszystkim eliminacja źródeł problemów, a nie jednorazowe „uruchomienie maszyny”. Takie podejście pozwala osiągnąć stabilną produkcję, powtarzalną jakość i ograniczyć straty wynikające z niestabilności procesu.

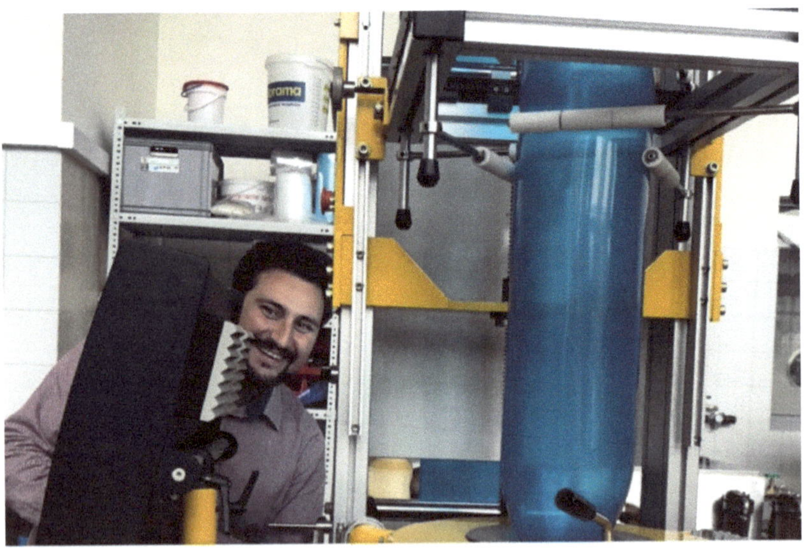

Opis zdjęcia z poprzedniej strony

Testy laboratoryjne - folia produkowana z regranulatów pochodzących z odpadów post-consumer, zawierających domieszki poliamidu (PA). Projekt realizowany przez Rolbatch Engineering na zlecenie hiszpańskiej firmy zajmującej się recyklingiem odpadów foliowych. Po modyfikacji składu surowcowego oraz zastosowaniu kompatybilizatorów uzyskano stabilną jakość folii i możliwość dalszego prowadzenia procesu rozdmuchu na liniach wielkoskalowych w warunkach przemysłowych. Antonio Guisado (Rolbatch)

Podsumowanie rozdziału i książki

W tym rozdziale omówiłam najczęściej występujące problemy jakościowe związane z produkcją folii metodą rozdmuchu, ze szczególnym uwzględnieniem defektów wynikających z parametrów procesu, jakości surowców oraz ich wzajemnej kompatybilności. Każdy z omawianych problemów przedstawiłam w kontekście rzeczywistych warunków produkcyjnych, a nie w oderwaniu od praktyki przemysłowej. Wiele opisanych obserwacji opiera się na pracy z liniami Jinming oraz na doświadczeniach z innymi liniami produkcyjnymi, między innymi Macchi, W&H, Reifenhäuser, Hosokawa Alpine, SML i Macro.

Celem tej książki było pokazanie technologii wytłaczania folii metodą rozdmuchu takiej, jaka funkcjonuje w codziennej produkcji przemysłowej - z jej ograniczeniami, zmiennością oraz zależnościami, których nie da się opisać jednym parametrem ani jedną korektą. Pokazałam, w jaki sposób diagnozować problemy technologiczne oraz dlaczego w wielu przypadkach sama korekta temperatur, prędkości czy ustawień linii technologicznej nie prowadzi do trwałego rozwiązania problemu. Takie podejście pozwala uniknąć działań doraźnych, które jedynie maskują objawy, zamiast usuwać ich rzeczywiste przyczyny.

W praktyce przemysłowej coraz częściej spotyka się defekty wynikające z obecności obcych polimerów w strumieniu przetwarzanego tworzywa, takich jak wtrącenia poliamidu w regranulatach z polietylenu. Są to problemy o charakterze stricte materiałowym, których nie da się usunąć poprzez korekty parametrów procesu. Różnice w temperaturze przetwórstwa i reologii stopu pomiędzy polietylenem a poliamidem prowadzą do lokalnych niejednorodności, żeli i defektów w gotowej folii. W takich przypadkach kluczowe znaczenie ma świadome zarządzanie surowcem - jego pochodzeniem, czystością, filtracją oraz rozumieniem granic skuteczności rozwiązań takich jak kompatybilizatory, które mogą jedynie ograniczać skalę problemu, ale nie zastępują prawidłowego przygotowania materiału.

Istotne jest spojrzenie na problemy jakościowe nie przez pryzmat pojedynczych ustawień, lecz jako efekt całego procesu - od surowca, przez stabilność wytłaczania i chłodzenie balonu, aż po prowadzenie folii, nawijanie i kontrolę jakości. Skuteczna produkcja folii wymaga stałej kontroli oraz rozumienia wzajemnych zależności pomiędzy surowcem, ustawieniami linii i zachowaniem folii w procesie. Ważna jest nie tylko wiedza, lecz także umiejętność jej zastosowania w momencie, gdy sytuacja produkcyjna tego wymaga - często w warunkach presji czasu i konieczności szybkiej reakcji. Dlatego kluczowe jest uczenie się zależności procesowych oraz rozumienie, co z czego wynika i jakie konsekwencje niesie dana decyzja technologiczna.

Przedstawione w książce mechanizmy, przykłady i obserwacje pozwalają w praktyce:

- optymalizować procesy produkcyjne, obniżając koszty i poprawiając wydajność,
- redukować odpady i minimalizować reklamacje klientów,
- szybciej diagnozować i rozwiązywać typowe problemy pojawiające się na linii produkcyjnej,
- utrzymywać stabilną jakość produkowanej folii w kolejnych partiach.

Jednocześnie chcę jasno podkreślić, że nie każdy problem w produkcji folii da się rozwiązać poprzez korekty parametrów procesu. Część defektów ma charakter stricte materiałowy i wymaga świadomego zarządzania surowcem, zrozumienia jego zachowania w stopie oraz podejmowania decyzji technologicznych w warunkach rzeczywistych ograniczeń przemysłowych i ekonomicznych.

Mam pełną świadomość, że nawet w książce liczącej ponad 300 stron nie jestem w stanie opisać wszystkiego, co w praktyce produkcji folii warto wiedzieć i rozumieć.

Technologia wytłaczania folii metodą rozdmuchu jest złożona i silnie zależna od konkretnych warunków przemysłowych - konfiguracji linii, stosowanych maszyn, rodzaju surowców oraz organizacji produkcji w danym zakładzie. Dlatego nie da się jej ująć w sposób w pełni uniwersalny ani sprowadzić do jednego, wspólnego schematu dla wszystkich instalacji - każda linia wymaga indywidualnego podejścia technologicznego. Ustawienia na jednej linii nie da się przełożyć na inną.

Z tego względu w publikacji nie zostały opisane wszystkie możliwe pojedyncze rozwiązania, lecz skupiłam się na pokazaniu zależności procesowych, które w produkcji folii są powtarzalne i wynikają z fizyki procesu oraz właściwości materiałów. Jeżeli zrozumiesz, co z czego wynika - jak surowiec, parametry przetwórstwa i zachowanie folii wpływają na siebie nawzajem - będziesz w stanie świadomie analizować sytuację na własnej linii produkcyjnej i podejmować właściwe decyzje technologiczne, niezależnie od tego, na jakiej instalacji pracujesz.

To właśnie rozumienie zależności, a nie znajomość pojedynczych, oderwanych rozwiązań, pozwala w praktyce produkcyjnej skutecznie radzić sobie z problemami jakościowymi w różnych zakładach i przy różnych konfiguracjach technologicznych.

Pogłębianie tej wiedzy w praktyce wymaga pracy na większej liczbie przykładów oraz omówienia zagadnień, których nie da się szczegółowo rozwinąć w jednej książce. Z tego powodu część tematów związanych z wytłaczaniem oraz produkcją folii metodą rozdmuchu została szerzej opracowana w ramach kursów Rolbatch Academy, obejmujących zarówno pełną serię dotyczącą wytłaczania tworzyw sztucznych, jak i osobną serię poświęconą wyłącznie technologii produkcji folii.

Ta książka daje fundament do takiego myślenia. Jednocześnie wiele zagadnień, z którymi technolodzy i operatorzy spotykają się na co dzień, wymaga pracy na rzeczywistych przykładach, analiz krok po kroku i zrozumienia granic technologii. To właśnie na tym etapie naturalnie pojawia się potrzeba dalszego pogłębiania wiedzy i konfrontowania jej z praktyką przemysłową.

Dziękuję Ci za wspólną drogę przez tę książkę. Mam nadzieję, że stanie się ona dla Ciebie praktycznym punktem odniesienia w codziennej pracy oraz pomocą w podejmowaniu świadomych decyzji technologicznych podczas produkcji folii.

Życzę Ci stabilnych procesów, dobrej jakości folii i satysfakcji z rozwiązywania nawet tych problemów, których nie da się całkowicie wyeliminować, ale które można zrozumieć i kontrolować.

Dr Magdalena Laabs

Testy laboratoryjne - **folia 3-warstwowa produkowana z regranulatów PE z wtrąceniami PA**. **Dodatek kompatybilizatora** pozwolił na wyprodukowanie folii o zadowalającej jakości (Antonio Guisado i Adam Laabs – Rolbatch – Zachodniopomorski Uniwersytet Technologiczny)

SŁOWNIK POJĘĆ - GLOSARIUSZ

(alfabetycznie)

Air ring (pierścień chłodzący)

Układ nawiewu powietrza odpowiedzialny za chłodzenie balonu folii tuż po opuszczeniu głowicy wytłaczarskiej. Równomierny nawiew stabilizuje linię krzepnięcia (frost line), wpływa na jednorodność grubości folii oraz zapobiega drganiom i deformacjom balonu. Ustawienia pierścienia chłodzącego mają istotny wpływ na jakość powierzchni folii.

Antybloker (środek antyblokujący)

Dodatek stosowany w produkcji folii metodą rozdmuchu, którego zadaniem jest ograniczenie sklejania się warstw folii podczas nawijania, przechowywania i konfekcjonowania. Najczęściej stosowane antyblokery to krzemionka syntetyczna, ziemia okrzemkowa oraz talk.

Balon folii / balon foliowy (patrz też „rękaw foliowy")

Rozdmuchiwany powietrzem rękaw z tworzywa sztucznego, występujący w trakcie procesu wytłaczania folii metodą rozdmuchu. Stop tworzywa po opuszczeniu wytłaczarki trafia do głowicy wytłaczarskiej, gdzie jest formowany w rękaw foliowy i rozdmuchiwany powietrzem, przed jego spłaszczeniem i nawinięciem.

Banana roller (rolka bananowa)

Specjalnie wyprofilowana rolka prowadząca stosowana w celu eliminacji fałd oraz poprawy płaskości folii przed nawijaniem. Zapobiega tworzeniu się nierówności i falowania folii.

Współczynnik rozdmuchu (BUR - Blow-Up Ratio)

Stosunek średnicy balonu foliowego do średnicy ustnika głowicy. Jeden z najważniejszych parametrów technologicznych decydujących o orientacji folii, jej grubości, wytrzymałości oraz końcowej szerokości rękawa po złożeniu (ang. lay-flat).

Bubble cage (stabilizator balonu)

Układ rolek lub prowadnic umieszczony nad głowicą, którego zadaniem jest ustabilizowanie balonu folii, ograniczenie drgań oraz utrzymanie osiowości rękawa.

CD (Cross Direction - kierunek poprzeczny)

Kierunek prostopadły do kierunku pracy linii produkcyjnej. W CD analizuje się m.in. grubość folii, stabilność szerokości rękawa po złożeniu (ang. lay-flat) oraz właściwości mechaniczne poprzeczne.

Chłodzenie balonu foliowego

Proces chłodzenia rękawa foliowego po opuszczeniu głowicy wytłaczarskiej. Właściwie dobrane parametry chłodzenia wpływają bezpośrednio na właściwości mechaniczne, optyczne i jakościowe produkowanej folii.

Dynamometr (zob. Tensometr)

Ręczne lub elektroniczne urządzenie pomiarowe służące do określania siły naciągu folii podczas prowadzenia i nawijania. Stosowany jest do kontroli równomierności napięcia folii na szerokości oraz do szybkiej diagnostyki problemów takich jak marszczenie, fałdy czy stożkowatość rolek. W praktyce produkcyjnej folii rozdmuchowych dynamometr jest najczęściej stosowanym narzędziem do pomiaru napięcia wstęgi. Warto pamiętać, że w wielu zakładach stosuje się również tensometry, które pełnią tę samą funkcję i są używane zamiennie z dynamometrami.

Dystorsja

Niepożądane odchylenia właściwości folii od wartości nominalnych, wynikające z niestabilności procesu wytłaczania. Dystorsja może dotyczyć m.in. grubości folii (nierównomierny rozkład grubości na szerokości lub wzdłuż kierunku wytłaczania) oraz barwy folii (smugi, pasy lub lokalne przebarwienia), będących efektem zaburzeń przepływu stopu, chłodzenia lub dozowania barwnika.

Efekt „skórki pomarańczy"

Niepożądany defekt powierzchni folii, objawiający się nierówną, ziarnistą, lekko chropowatą strukturą oraz utratą połysku. Efekt ten pojawia się zazwyczaj w wyniku nieoptymalnych ustawień chłodzenia folii lub niewłaściwych parametrów uplastyczniania stopu, prowadząc do pogorszenia właściwości optycznych i wizualnych wyrobu.

EVA (etylen-octan winylu)

Kopolimer etylenu i octanu winylu, stosowany jako dodatek do tworzyw sztucznych. Poprawia elastyczność, właściwości zgrzewalne i wytrzymałość mechaniczną folii. Szczególnie polecany w produkcji folii stretch hood i folii termokurczliwych.

Folia stretch hood

Specjalistyczna folia stretch stosowana do stabilizacji towarów na paletach. Charakteryzuje się dużą elastycznością, odpornością mechaniczną oraz zdolnością do stabilnego obejmowania ładunku po rozciągnięciu.

Frost line (linia krzepnięcia)

Widoczna granica na balonie folii, powyżej której tworzywo jest już zestalane na tyle, że balon osiąga stałą średnicę i nie ulega dalszemu istotnemu rozciąganiu. Położenie linii krzepnięcia wpływa na stabilność balonu folii, orientację cząsteczek, równomierność grubości oraz właściwości mechaniczne folii. W praktyce produkcyjnej termin frost line bywa stosowany zamiennie z freeze line, chociaż w literaturze specjalistycznej można spotkać bardziej precyzyjne rozróżnienie tych pojęć.

Freeze line (linia początku krzepnięcia)

Miejsce na balonie folii, w którym rozpoczyna się krystalizacja polimeru. Poniżej tej strefy stop tworzywa jest jeszcze w stanie uplastycznionym, a powyżej zaczyna przechodzić w stan częściowo zestalony. W praktyce produkcyjnej termin freeze line jest stosowany rzadziej niż frost line i często bywa z nim utożsamiany.

Gęstościomierz

Urządzenie laboratoryjne umożliwiające dokładny pomiar gęstości granulatu lub regranulatu tworzyw sztucznych. Pomaga w ocenie jakości surowców i stabilności procesu przetwórstwa.

Rolbatch oferuje **gęstościomierze** przeznaczone do precyzyjnego pomiaru gęstości granulatu i regranulatu tworzyw sztucznych zgodnie z normą ISO 1183. Urządzenia te umożliwiają szybką ocenę jakości surowców, co ułatwia stabilizację parametrów procesu wytłaczania folii.

Granulat

Podstawowa forma surowca (tworzywa sztucznego) dostarczanego do zakładów produkcyjnych.
Granulat jest przetwarzany w wytłaczarkach na gotową folię metodą rozdmuchu.

Haul-off (odciąg folii)

Zespół rolek odbierających i prowadzących rękaw foliowy po jego uformowaniu i schłodzeniu. Odciąg nadaje folii prędkość liniową, wpływa na grubość, stosunek ciągnięcia oraz stabilność prowadzenia folii przed nawijaniem.

HDPE (High Density Polyethylene)

Polietylen wysokiej gęstości. Charakteryzuje się wysoką

wytrzymałością mechaniczną, sztywnością oraz odpornością chemiczną. Używany przede wszystkim do produkcji folii przemysłowych, technicznych, worków i opakowań.

IBC (Internal Bubble Cooling - chłodzenie wewnętrzne balonu)

System wewnętrznego chłodzenia balonu polegający na doprowadzaniu schłodzonego powietrza do wnętrza rękawa foliowego. Poprawia stabilność linii krzepnięcia i zwiększa wydajność linii produkcyjnej.

Kalandrowanie folii

Metoda produkcji folii polegająca na formowaniu tworzywa na walcach kalandrowych. Jest to technologia odmienna od rozdmuchu i nie stosuje się jej do folii PE (LDPE, LLDPE, HDPE). Proces kalandrowania wykorzystuje się głównie do produkcji folii PVC, PET, PS, TPU oraz folii technicznych wymagających wysokiej stabilności wymiarowej i gładkiej powierzchni.

Klejenie warstw folii (blokowanie)

Zjawisko przywierania kolejnych warstw folii do siebie, które pojawia się podczas nawijania, magazynowania i konfekcjonowania. W celu ograniczenia tego zjawiska stosuje się antyblokery.

Kosz stabilizujący balon

Przestrzenna konstrukcja stabilizatora balonu, składająca się z wielu rolek prowadzących rozmieszczonych obwodowo wokół balonu folii. Odpowiada za obwodową i dynamiczną stabilizację balonu w trakcie procesu rozdmuchu.

Szerokość rękawa po złożeniu (ang. lay-flat)
Szerokość rękawa foliowego po spłaszczeniu na rolkach prowadzących. Parametr kluczowy dla pakowania, rozcinania i dalszej obróbki folii.

LDPE (Low Density Polyethylene)
Polietylen niskiej gęstości. Tworzywo o dobrej przejrzystości, elastyczności oraz łatwości przetwarzania. Najczęściej stosowane do produkcji folii opakowaniowych, worków, toreb, folii budowlanych i rolniczych.

LLDPE (Linear Low Density Polyethylene)
Liniowy polietylen niskiej gęstości. Tworzywo o dobrych właściwościach mechanicznych, wysokiej wytrzymałości na przebicia i rozciąganie. Powszechnie stosowane w produkcji folii opakowaniowych, stretch i termokurczliwych.

MD (Machine Direction - kierunek wzdłużny)
Kierunek równoległy do prowadzenia folii w linii. W MD analizuje się właściwości wzdłużne, takie jak rozciągliwość, wytrzymałość oraz skurcz.

MDPE (Medium Density Polyethylene)
Polietylen średniej gęstości. Tworzywo o większej

sztywności niż LDPE oraz dobrej odporności mechanicznej. Stosowane w produkcji bardziej wytrzymałych folii technicznych.

Mesh (gęstość siatki filtracyjnej)

Liczba oczek przypadających na jeden cal liniowy siatki filtracyjnej. Wyższa wartość mesh oznacza drobniejszą siatkę filtracyjną i dokładniejszą filtrację stopu tworzywa. Rzeczywista wielkość oczka zależy również od średnicy drutu, dlatego sama wartość mesh nie opisuje pełnej przepustowości siatki.

Wskaźnik płynięcia surowca, MFI (Melt Flow Index) - (zob. „plastometr")

Wskaźnik płynięcia stopu tworzywa, określający jego płynność w stanie stopionym. Jest kluczowy przy doborze parametrów technologicznych produkcji folii. Pomiar MFI wykonywany jest przy użyciu plastometru.

Materiałoznawstwo

Dziedzina zajmująca się właściwościami materiałów (w tym tworzyw sztucznych) oraz metodami ich badania i przetwarzania. Istotna w doborze surowców i technologii produkcji folii metodą rozdmuchu.

Naciąg folii (tension)

Siła, z jaką folia jest prowadzona przez układ rolek. Zbyt duży lub nierównomierny naciąg prowadzi do marszczeń, fałd, stożkowatości rolek oraz problemów z dalszym prowadzeniem folii.

Pierścień centrujący głowicy

Element głowicy wytłaczarskiej odpowiedzialny za równomierne podawanie stopu i centryczność wypływu. Zużycie pierścienia może prowadzić do różnic grubości folii.

Plastometr do badania MFI

Urządzenie laboratoryjne służące do pomiaru wskaźników płynięcia tworzyw sztucznych, w tym MFR i MVR, które w wielu zakładach są potocznie określane jako badanie MFI. Plastometr pomaga ocenić stabilność surowca i dobrać parametry procesu wytłaczania.

Polimer (w kontekście folii PE)

Tworzywo o budowie łańcuchowej, którego szkielet oparty jest na atomach węgla, stanowiące podstawę produkcji folii polietylenowych. W przypadku folii PE właściwości mechaniczne, optyczne i przetwórcze wynikają bezpośrednio z budowy łańcucha polimerowego oraz jego zachowania podczas uplastyczniania, rozdmuchu i chłodzenia.

Prowadnica balonu

Pojedynczy element lub uproszczony zespół prowadzący balon folii w określonym kierunku. Może wspomagać prowadzenie balonu, lecz nie zapewnia pełnej stabilizacji obwodowej i nie zastępuje kosza stabilizującego balon.

Pulsacje stopu

Nieregularne zmiany ciśnienia i przepływu stopu w głowicy, powodujące pasy grubości, niestabilność linii krzepnięcia oraz drgania balonu foliowego.

Przetwórstwo tworzyw sztucznych

Dziedzina technologiczna obejmująca metody i procesy przekształcania tworzyw sztucznych (granulatu/regranulatu/przemiału) w gotowe wyroby, takie jak folie, profile, rury, opakowania czy elementy wtryskowe.

Recykling tworzyw sztucznych

Proces odzyskiwania i ponownego wykorzystania zużytych tworzyw sztucznych. Obejmuje sortowanie, mycie, rozdrabnianie oraz ponowne przetwórstwo w celu wytworzenia nowych produktów, w tym folii z regranulatu.

Rękaw foliowy

Forma folii w postaci zamkniętej tuby, uzyskiwana w procesie rozdmuchu folii. Rękaw foliowy występuje jako balon foliowy w trakcie procesu oraz jako gotowy wyrób po spłaszczeniu i nawinięciu.

Rozdmuch folii (blown film extrusion)

Metoda produkcji folii polegająca na wytłaczaniu stopu tworzywa przez ustnik głowicy, rozdmuchiwaniu go powietrzem do formy rękawa foliowego, chłodzeniu i nawijaniu na rolki. Proces ten umożliwia uzyskanie folii o kontrolowanej grubości, orientacji molekularnej oraz właściwościach mechanicznych i optycznych.

Screen changer (zmieniacz sit)

Urządzenie montowane w linii do wytłaczania, pomiędzy wytłaczarką a głowicą wytłaczarską, umożliwiające wymianę sit filtracyjnych bez przerywania procesu wytłaczania. Zapewnia ciągłą filtrację stopu, stabilność ciśnienia oraz stałą jakość przetwarzanego materiału.

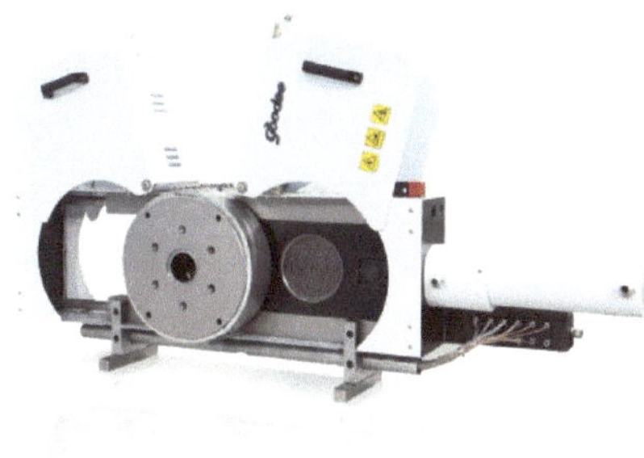

Screen pack (pakiet sit, zestaw sit filtracyjnych)

Zestaw metalowych siatek filtracyjnych o bardzo drobnej gradacji, stanowiący element eksploatacyjny układu filtracji stopu, stosowany w zmieniaczach sit w liniach do produkcji folii metodą rozdmuchu. W produkcji folii standardem jest stosowanie co najmniej dwóch sit o drobnych oczkach, co wynika z wysokich wymagań dotyczących czystości stopu i stabilności jego przepływu przed głowicą. Prawidłowo dobrany i regularnie wymieniany screen pack ogranicza pulsacje przepływu, usuwa mikrozanieczyszczenia i żele oraz zapobiega powstawaniu wad powierzchniowych folii, takich jak smugi, linie matowe czy pogorszenie jakości optycznej.

Sharkskin (z ang. *sharkskin*, dosł. „skóra rekina")

Defekt powierzchni folii polietylenowej produkowanej metodą rozdmuchu, objawiający się występowaniem bardzo drobnych, regularnych, kierunkowych zmarszczek na powierzchni folii. Zjawisko to powstaje na etapie wypływu stopu z ustnika głowicy i jest związane z niestabilnością przepływu stopu przy wysokich naprężeniach ścinających. Sharkskin prowadzi do pogorszenia gładkości i połysku powierzchni folii i nie jest tożsamy z efektem skórki pomarańczy, który charakteryzuje się ziarnistą, nieregularną strukturą powierzchni.

Przezroczysta folia PE

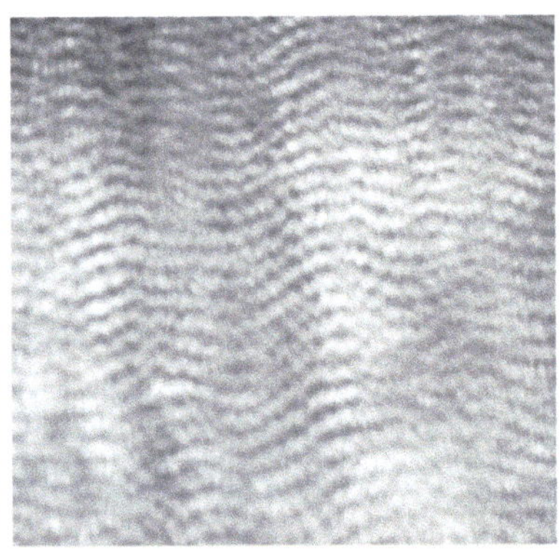

Folia PE ze strukturą ***Sharkskin***

Skórka pomarańczy (zob. efekt „skórki pomarańczy")

Określenie nierównej, ziarnistej, lekko chropowatej struktury powierzchni folii polietylenowej, powstającej w wyniku nieoptymalnych warunków procesu, w szczególności niewłaściwego uplastyczniania stopu oraz chłodzenia folii. Zjawisko to prowadzi do utraty połysku, pogorszenia właściwości optycznych oraz obniżenia jakości wizualnej i użytkowej folii.

Przezroczysta folia PE

Efekt ***skórki pomarańczy***

Slip agent (dodatek poślizgowy)

Dodatek funkcjonalny zmniejszający współczynnik tarcia powierzchni folii i ułatwiający jej konfekcjonowanie. Najczęściej stosowane środki poślizgowe to oleamid oraz erukamid. Skuteczność dodatku poślizgowego zależy od jego migracji na powierzchnię folii oraz od czasu i warunków przechowywania wyrobu. Niewłaściwy dobór dodatku może prowadzić do niestabilnych właściwości poślizgowych.

Stabilizator balonu (kosz stabilizujący balon, ang. *bubble cage*)

Układ wielu rolek prowadzących zamontowanych na konstrukcji nośnej, tworzących kosz stabilizujący balon folii, zlokalizowany ponad głowicą wytłaczarską. Zapobiega drganiom balonu, utrzymuje jego osiowość oraz wspomaga stabilność procesu rozdmuchu i równomierność grubości folii.

Stabilizatory UV

Dodatki chroniące folię przed degradacją pod wpływem promieniowania UV. Powszechnie stosowane w foliach rolniczych, szklarniowych oraz technicznych.

Stop (stop tworzywa)

Materiał tworzywa sztucznego w stanie płynnym lub półpłynnym, powstający po podgrzaniu granulatu w wytłaczarce, z którego następnie formowana jest folia. Jednorodność i stabilność stopu mają kluczowe znaczenie dla jakości powierzchni i grubości wytwarzanej folii.

Ślimak wytłaczarki

Specjalnie ukształtowany, wymienny element eksploatacyjny wytłaczarki, którego zadaniem jest uplastycznianie granulatu oraz transport stopionego tworzywa w kierunku głowicy wytłaczarskiej. Ślimaki mogą różnić się geometrią, długością, stopniem sprężania oraz materiałem wykonania (różne stopy metali, powłoki odporne na zużycie i korozję), w zależności od rodzaju przetwarzanego surowca i zastosowania. Precyzyjna kontrola prędkości obrotowej ślimaka ma kluczowe znaczenie dla stabilności procesu i jakości wytłaczanej folii.

Tensometr (miernik naciągu folii)

Urządzenie wykorzystywane do precyzyjnego pomiaru siły naciągu folii podczas odciągu i nawijania. Zapewnia możliwość stałej kontroli stabilności napięcia folii, co jest kluczowe dla uniknięcia nieregularności na rolce i zapewnienia prawidłowego prowadzenia folii w układzie rolek. Wśród producentów folii rozdmuchowych określenie „tensometr" jest powszechnie używane zamiennie z terminem „dynamometr", choć technicznie pierwotnie odnosiło się do czujników odkształceń.

Ustnik głowicy wytłaczarskiej (szczelina pierścieniowa)

Końcowy element głowicy wytłaczarki, przez który stop tworzywa opuszcza urządzenie i jest rozdmuchiwany do postaci rękawa foliowego. Precyzyjna regulacja ustnika pozwala kontrolować grubość i jednorodność folii. Niewłaściwe ustawienie szczeliny może prowadzić do lokalnych różnic grubości i niestabilności balonu. Stan powierzchni ustnika oraz czystość szczeliny mają bezpośredni wpływ na jakość powierzchni folii.

Web handling (prowadzenie wstęgi folii)

Układ urządzeń i parametrów procesu odpowiedzialnych za prawidłowe prowadzenie folii przez linię produkcyjną, obejmujący m.in. rolki prowadzące, kąty prowadzenia, naciąg folii oraz geometrię układu.

Wilgotnościomierz

Specjalistyczne urządzenie laboratoryjne służące do pomiaru zawartości wilgoci w granulacie tworzywa sztucznego. Regularne stosowanie wilgotnościomierza pozwala na kontrolowanie jakości surowców i uniknięcie problemów jakościowych produkowanej folii.

> W ofercie Rolbatch znajdują się urządzenia laboratoryjne, między innymi plastometry do badania MFI, gęstościomierze oraz **wilgotnościomierze** typu wago-suszarka, umożliwiające oznaczanie zawartości wilgoci w granulacie zgodnie z normą ISO 15512. Dokładny pomiar wilgotności surowca pozwala uniknąć wad folii wynikających z nadmiernej wilgotności oraz zapewnia stabilne warunki przetwórstwa.

Słownik obejmuje kluczowe pojęcia wykorzystywane w książce. Dzięki niemu łatwiej odnajdziesz się w technicznych zagadnieniach związanych z produkcją folii metodą rozdmuchu i precyzyjnie zrozumiesz stosowaną terminologię produkcyjną.

Każde z tych pojęć zostało omówione szerzej w kursach online Rolbatch Academy, gdzie wyjaśnienia są uzupełnione zdjęciami, ilustracjami oraz materiałami wideo.

O AUTORCE

Nazywam się Magdalena Laabs. **Od ponad 20 lat zajmuję się profesjonalnym doradztwem technologicznym oraz wdrażaniem i optymalizacją procesów w obszarze przetwórstwa i recyklingu tworzyw sztucznych. Jestem rzeczoznawcą Stowarzyszenia Inżynierów i Techników Mechaników Polskich (SIMP) w zakresie inżynierii materiałowej oraz maszyn i przetwórstwa tworzyw sztucznych.**

Wspólnie z moim mężem, Adamem, prowadzę firmę inżynieryjną Rolbatch, w ramach której realizujemy prace projektowe, konfiguracyjne i wdrożeniowe związane z uruchamianiem, integracją i stabilizacją linii technologicznych dla przemysłu tworzyw sztucznych, we współpracy z producentami maszyn i dostawcami rozwiązań technologicznych.

Moja praca koncentruje się przede wszystkim na **technologiach wytłaczania, w szczególności na produkcji folii metodą rozdmuchu, a także na wytłaczaniu płyt, profili, rur, granulatów i kompozytów polimerowych.** Istotną częścią mojej działalności jest również **recykling mechaniczny i chemiczny tworzyw sztucznych.** W przypadku recyklingu mechanicznego obejmuje on pełny ciąg technologiczny - od mycia i rozdrabniania, przez suszenie, sterylizację, czyli usuwanie zanieczyszczeń mikrobiologicznych, dekontaminację, czyli usuwanie zanieczyszczeń chemicznych, aż po regranulację materiałów polimerowych.

Równolegle zajmuję się zagadnieniami recyklingu chemicznego, w tym przygotowaniem wsadu, oceną jego jakości oraz integracją procesów chemicznego przetwarzania odpadów z dalszym wykorzystaniem produktów w przemyśle polimerowym i petrochemicznym. Moje doświadczenie obejmuje zarówno etap analizy surowców, jak i praktyczne wdrażanie rozwiązań technologicznych w warunkach przemysłowych.

W trakcie swojej działalności **wdrażałam oraz nadzorowałam uruchomienie ponad 200 linii technologicznych do przetwórstwa i recyklingu tworzyw sztucznych** - w Niemczech, w Polsce, w wielu krajach Unii Europejskiej, a także poza Europą, między innymi w Meksyku, Peru, Chile, na Kubie, w Rosji oraz w Kazachstanie. Praca w tak zróżnicowanych warunkach technologicznych i organizacyjnych pozwoliła mi zdobyć szeroką perspektywę oraz praktyczne doświadczenie w rozwiązywaniu rzeczywistych problemów produkcyjnych.

Jestem również twórczynią aplikacji PERUN Assistant, rozwijanej jako narzędzie wspierające naukę, pracę technologiczną oraz komunikację branżową w przemyśle tworzyw sztucznych. Jako poliglotka podjęłam się opracowania wielojęzycznego słownika branżowego dla przemysłu tworzyw sztucznych, który ułatwia spójne tłumaczenie książek, kursów online i materiałów technicznych Rolbatch Academy.

PERUN Assistant wykorzystuje wielojęzyczne słowniki branżowe, materiały edukacyjne Rolbatch Academy oraz rozwiązania ułatwiające przyswajanie wiedzy technicznej z wykorzystaniem mnemotechnik, metod szybkiego uczenia się i mojej autorskiej metody Laabs Technical Learning Method **„POD" - Proces - Objaw - Decyzja.**

Metoda POD powstała z potrzeby prostego i praktycznego porządkowania wiedzy technicznej. Jej celem jest pomaganie operatorom, technologom, studentom i osobom zarządzającym produkcją w łączeniu trzech elementów: miejsca w procesie, objawu widocznego na produkcji oraz decyzji, którą należy podjąć. Dzięki temu wiedza techniczna nie pozostaje zbiorem definicji, lecz staje się narzędziem pracy, diagnozy i świadomego działania.

Moje zainteresowanie tworzywami sztucznymi zaczęło się już w dzieciństwie, dzięki mojemu ojcu - Ryszardowi, inżynierowi mechanikowi, który od najmłodszych lat wprowadzał mnie w zagadnienia związane z produkcją materiałów polimerowych i funkcjonowaniem procesów przemysłowych. Choć początkowo zdecydowałam się na studia ekonomiczne ze specjalizacją w prawie handlowym, a następnie pracowałam przez ponad dwa lata w kancelarii prawnej Smoktunowicz & Falandysz w Warszawie, szybko zrozumiałam, że moim rzeczywistym obszarem zainteresowań i zawodowym powołaniem jest przemysłowe przetwórstwo i recykling tworzyw sztucznych. Od tego momentu całkowicie poświęciłam się tej branży, realizując projekty wdrożeniowe w zakładach produkcyjnych w Polsce i za granicą. Równolegle do pracy zawodowej systematycznie poszerzałam swoją wiedzę technologiczną i materiałową, korzystając z dostępnych źródeł literatury technicznej oraz doświadczeń praktycznych zdobywanych bezpośrednio na liniach produkcyjnych. W początkowym okresie mojej pracy dostęp do specjalistycznych publikacji był ograniczony, a wiele materiałów dostępnych było wyłącznie w językach obcych, co dodatkowo motywowało mnie do samodzielnego pogłębiania wiedzy i pracy bezpośrednio z technologią.

Z czasem sama zaczęłam prowadzić zajęcia i szkolenia dla studentów oraz firm przemysłowych, między innymi na Politechnice Warszawskiej, przekazując wiedzę w sposób praktyczny, uporządkowany i oparty na realnych doświadczeniach z pracy w przemyśle - dokładnie taki, jakiego sama najbardziej potrzebowałam na początku swojej drogi zawodowej.

Z myślą o systematycznym przekazywaniu praktycznej wiedzy stworzyliśmy wraz z mężem platformę edukacyjną Rolbatch Academy, na której oferujemy kursy online, webinaria oraz szkolenia z zakresu przetwórstwa i recyklingu tworzyw sztucznych, optymalizacji procesów produkcyjnych, materiałoznawstwa oraz kontroli jakości. Platforma ta stanowi uzupełnienie pracy doradczej i wdrożeniowej, umożliwiając szerszy dostęp do wiedzy technicznej osobom pracującym w produkcji.

Swoją wiedzą i doświadczeniem dzielę się także aktywnie w mediach branżowych i na platformie LinkedIn, gdzie prowadzę specjalistyczne blogi oraz grupy dyskusyjne poświęcone przetwórstwu tworzyw sztucznych, recyklingowi i optymalizacji procesów produkcyjnych.

Blogi prowadzone przeze mnie na LinkedIn
(w języku angielskim):

- **Successful Mindset** - strategie rozwoju osobistego i zawodowego inspirowane moją współpracą z Brianem Tracy oraz wspólnie z nim napisaną książką.
- **Plastics & Recycling Blog** zagadnienia związane z przetwórstwem i recyklingiem tworzyw sztucznych oraz optymalizacją produkcji.
- **Energy & Technology of Tomorrow Blog** - efektywność energetyczna, odzysk ciepła odpadowego oraz nowoczesne technologie energetyczne dla przemysłu.
- **Dr Laabs - Reflections** - osobiste refleksje dotyczące zagadnień takich jak fizyka kwantowa, zdrowy styl życia, podróże oraz inspiracje.
- **Laabs Art Gallery (język angielski)** - moja prywatna galeria sztuki, w której prezentuję naszego autorstwa obrazy olejne pomagające mi zachować równowagę między życiem zawodowym i prywatnym.

Wszystkie blogi stworzyłam z myślą o budowaniu aktywnej społeczności, wymianie praktycznych doświadczeń oraz wspieraniu rozwoju osobistego i zawodowego specjalistów.

Grupy prowadzone przeze mnie na LinkedIn
Grupy LinkedIn związane z przetwórstwem i recyklingiem tworzyw sztucznych:

- Plastics and Recycling Professionals Network (język angielski)
  Specjalistyczna sieć profesjonalistów związanych z

branżą przetwórstwa i recyklingu tworzyw sztucznych.
linkedin.com/groups/13123603

- **Netzwerk für Kunststoff und Recycling** (język niemiecki)
  Sieć dla specjalistów z krajów niemieckojęzycznych zajmujących się przetwórstwem i recyklingiem tworzyw sztucznych.
  linkedin.com/groups/13153242
- **Plastics & Recycling & Ocean Solutions - Business Ideas - Investment Opportunities** (język angielski)
  Grupa skupiona na pomysłach biznesowych i możliwościach inwestycyjnych w obszarze tworzyw sztucznych, recyklingu oraz technologii ochrony środowiska.
  linkedin.com/groups/8904025
- **Przetwórstwo Tworzyw i Recykling - Surowce, Technologie, Maszyny, Biznes** (język polski)
  Grupa dedykowana polskim specjalistom branży tworzyw sztucznych, umożliwiająca wymianę wiedzy i doświadczeń zawodowych.
  linkedin.com/groups/13140337
- **Procesamiento de Plásticos y Reciclaje** - Materias Primas, Tecnologías, Maquinaria (język hiszpański)
  Grupa dla specjalistów hiszpańskojęzycznych z zakresu przetwórstwa i recyklingu tworzyw sztucznych.
  linkedin.com/groups/13140339

Grupa LinkedIn związana z ekologią i GreenTech:

- **Protection of Seas - Fighting Oil Spills:** Ecological Technologies and Solutions (język angielski)
  Specjalistyczna grupa poświęcona technologiom ochrony środowiska, w szczególności rozwiązaniom

związanym z ochroną mórz i reagowaniem na wycieki ropy.
linkedin.com/groups/13088040

Grupa dotycząca rozwoju osobistego i strategii sukcesu:

- **Successful Mindset: Achieve Your Goals** – Inspiration by Brian Tracy & Dr Magdalena Laabs (język angielski)
  Grupa dedykowana strategiom rozwoju osobistego i zawodowego.
  linkedin.com/groups/13140401

Strony firmowe na LinkedIn:

- **ROLBATCH ACADEMY**
  linkedin.com/company/6390616
- **Laabs Art Gallery**
  linkedin.com/company/104514220

Jestem również współautorką książki **„Successful Mindset: The Key to Achieving Your Goals - 23 Principles of Successful People"**, napisanej wspólnie z Brianem Tracy, moim mentorem w dziedzinie strategii sukcesu.

Wszystkie podejmowane przeze mnie działania mają jeden cel - wspierać Cię w skutecznym rozwiązywaniu realnych problemów technologicznych, pomagać w optymalizacji produkcji oraz poprawie jakości Twoich produktów, zwiększając tym samym konkurencyjność Twojej firmy. Możesz skontaktować się ze mną oraz dołączyć do mojej społeczności na LinkedIn, gdzie regularnie dzielę się praktyczną wiedzą, rozwiązaniami technologicznymi i doświadczeniem branżowym.

Dziękuję Ci za sięgnięcie po tę książkę i życzę wielu sukcesów oraz satysfakcji z codziennej pracy zawodowej.

Do zobaczenia na LinkedIn lub podczas naszych wspólnych projektów!

Dr Magdalena Laabs

Charakter opracowania i podstawa teoretyczna

Ta książka powstała jako praktyczne opracowanie techniczne i koncentruje się na rzeczywistych problemach pojawiających się podczas wytłaczania folii metodą rozdmuchu. Jej celem jest pomoc osobom pracującym przy produkcji w lepszym rozumieniu procesu oraz w rozpoznawaniu typowych przyczyn niestabilnej pracy linii i wad wyrobu.

Opisane metody rozwiązywania problemów, obserwacje procesowe oraz schematy postępowania wynikają z analizy rzeczywistych procesów produkcyjnych i codziennej praktyki przemysłowej. Sposób opisu odpowiada temu, jak problemy są diagnozowane na produkcji - na podstawie obserwacji zachowania balonu folii, wyglądu folii oraz reakcji procesu na zmiany parametrów technologicznych.

Podstawy teoretyczne, na których opiera się ta książka, wynikają z materiałów szkoleniowych opracowanych w ramach **Rolbatch Academy** oraz odnoszą się do klasycznych zagadnień reologii polimerów, przetwórstwa tworzyw sztucznych i technologii formowania folii, znanych z edukacji technicznej i praktyki przemysłowej. Zagadnienia te zostały przedstawione w sposób funkcjonalny, z naciskiem na ich znaczenie w procesie, bez wchodzenia w formalne modele i rozbudowany aparat matematyczny.

Świadomie kieruję tę książkę do praktyków produkcji, w szczególności operatorów linii do rozdmuchu folii i technologów, którzy na co dzień odpowiadają za stabilność procesu i jakość wyrobu. Nie jest to podręcznik akademicki, lecz praktyczne wsparcie w codziennej pracy przy linii do rozdmuchu folii.

Równie świadomie zwracam się do Ciebie w formie bezpośredniej, na „ty". Na produkcji jest to najbardziej naturalny sposób komunikacji - ułatwia współpracę, szybkie reagowanie i jasne przekazywanie informacji. Taka forma pozwala mówić o procesie wprost, bez dystansu i zbędnych formalności, dokładnie tak, jak rozmawia się na hali produkcyjnej. Dzięki temu książka ma charakter partnerskiej współpracy przy zrozumieniu procesu i rozwiązywaniu problemów.

Bibliografia obejmuje wybrane klasyczne oraz współczesne opracowania z zakresu przetwórstwa tworzyw sztucznych i reologii polimerów, z którymi zapoznałam się na różnych etapach pracy zawodowej i szkoleniowej. Publikacje te nie są cytowane bezpośrednio w tekście, lecz stanowią zaplecze merytoryczne, na podstawie którego budowałam własne rozumienie procesów oraz łączyłam wiedzę teoretyczną z doświadczeniem praktycznym. Jeśli chcesz pogłębić zagadnienia teoretyczne, bibliografia może być dla Ciebie punktem wyjścia do dalszej lektury.

Bibliografia

1. **Laabs M.**, *Materiały szkoleniowe Rolbatch Academy - wytłaczanie folii metodą rozdmuchu*, materiały dydaktyczne, 2015-2025.
2. **Laabs M.**, *Wprowadzenie do wytłaczania folii metodą rozdmuchu*, Berlin: Rolbatch Press, 2022.
3. **Панов Ю. Т., Чижова Л. А., Ермолаева Е. В.**, *Экструзия полимеров и литье под давлением. Учебное пособие для вузов*, Moskwa: Wydawnictwo Urait (Издательство Юрайт), 2022.
4. **Ким В. С.**, *Теория и практика экструзии полимеров*, Moskwa: Wydawnictwo Khimiya (Издательство Химия), 2005.
5. **Тихонов Н. Н., Шерышев М. А.**, *Современные технологии и оборудование экструзии полимеров*, Sankt Petersburg: Wydawnictwo Professija (Издательство Профессия), 2019.
6. **Zhou Dianming (周殿明)**, *塑料薄膜挤出成型* [Wytłaczanie folii z tworzyw sztucznych], Pekin: China Machine Press, 2012.
7. **Li Jiangang (李建钢), Wu Qinghe (吴清鹤)**, *塑料挤出成型 (trzecie wydanie)* [Wytłaczanie tworzyw sztucznych, wyd. 3], Pekin: Chemical Industry Press, 2015.
8. **Xiong Xu (熊煦), Li Jiangang (李建钢)**, *塑料挤出成型 (czwarte wydanie)* [Wytłaczanie tworzyw sztucznych, wyd. 4], Pekin: Chemical Industry Press, 2024.
9. *プラスチック押出成形の最新技術* [Najnowsze technologie formowania przez ekstruzję tworzyw sztucznych], „Polymer Digest" (ポリマーダイジェスト), 1993, Tokio: Rako Publishing.
10. **JINMING** zdjęcia linii do wytłaczania folii oraz schematy techniczne, materiały producenta

ROLBATCH ACADEMY - Kursy online dostępne w wielu językach

KURSY ONLINE ROLBATCH ACADEMY - STANDARDOWE I DEDYKOWANE SPECJALNIE DLA TWOJEGO ZAKŁADU

W Rolbatch Academy oferujemy szeroki wachlarz gotowych kursów online dotyczących produkcji folii metodą rozdmuchu, technologii wytłaczania, badań laboratoryjnych oraz recyklingu tworzyw sztucznych (mechanicznego i chemicznego). Możesz z nich korzystać w dowolnym momencie, by szybko podnosić kompetencje swoich pracowników oraz poprawiać jakość i efektywność produkcji.

Kursy przygotowane specjalnie dla Twojego zakładu

Jeżeli potrzebujesz kursu ściśle dopasowanego do specyfiki Twojej firmy i Twoich potrzeb technologicznych, z przyjemnością przygotujemy dla Ciebie dedykowane szkolenie. Taki kurs może uwzględniać specyficzne problemy technologiczne, które pojawiają się w Twoim zakładzie produkcyjnym, oraz konkretne metody ich rozwiązywania.

W praktyce wygląda to tak, że możesz przesłać do nas zdjęcia, filmy lub opisy typowych problemów produkcyjnych, z którymi się spotykasz. Na ich podstawie opracujemy profesjonalne szkolenie, które wyjaśni Twoim pracownikom:

- jak skutecznie unikać problemów technologicznych,

- jak im zapobiegać, stosując odpowiednie metody i procedury,
- jak szybko i efektywnie je rozwiązywać, gdy już się pojawią.

Twoje informacje są u nas bezpieczne - podpisujemy umowę poufności (NDA), zapewniając, że wszystkie materiały, zdjęcia czy filmy, które przekażesz, będą dostępne wyłącznie dla pracowników Twojej firmy. Nie będą one nigdzie publikowane ani wykorzystywane poza Twoim zakładem.

Kursy Rolbatch Academy - dostępne online 24/7

Kursy Rolbatch Academy są dostępne online przez całą dobę (24/7). Dzięki temu Twoi pracownicy mogą korzystać z nich w dowolnym, dogodnym dla siebie momencie - na komputerze, tablecie lub smartfonie. To wygodne rozwiązanie umożliwia elastyczną naukę, dostosowaną do indywidualnych harmonogramów i potrzeb Twojego zespołu. Każdy uczestnik może w dowolnym momencie przerwać kurs i później bez problemu powrócić do nauki.

Standardowo dostęp do kursu jest zapewniony na okres 4 tygodni, jednak możliwe jest także wykupienie wygodnych **abonamentów na 3, 6, 12 miesięcy** lub nawet dłużej, według potrzeb Twojej firmy.

Certyfikaty i dyplomy Rolbatch Academy

Każdy kurs w Rolbatch Academy kończy się uzyskaniem certyfikatu uczestnictwa lub dyplomu potwierdzającego zdobytą wiedzę:

- **Certyfikat uczestnictwa** - otrzymuje go każdy uczestnik, który ukończy kurs.
- **Dyplom** - jeśli zdecydujesz się dodatkowo wziąć udział w quizie końcowym i prawidłowo odpowiesz na minimum 70% pytań.
- **Dyplom z wyróżnieniem** - dla uczestników, którzy prawidłowo odpowiedzą na ponad 90% pytań w quizie końcowym.

Dzięki temu rozwiązaniu możesz szybko i efektywnie potwierdzić kompetencje Twoich pracowników i zwiększyć wartość Twojego zespołu produkcyjnego. Możesz skorzystać z kursów online Rolbatch Academy i przekonać się, jak wygodna i praktyczna może być nauka w tej formule.

Uzyskanie dyplomu Rolbatch Academy to nie tylko potwierdzenie Twojej specjalistycznej wiedzy, ale także wyraźny sygnał dla Twojego przełożonego, że aktywnie rozwijasz swoje umiejętności. Dzięki temu zyskujesz wiarygodność oraz wizerunek eksperta w swoim zakładzie pracy.

System zarządzania edukacją zgodny z ISO 21001 i Baza Usług Rozwojowych

Rolbatch posiada certyfikowany system zarządzania organizacją edukacyjną zgodny z normą ISO 21001 oraz jest wpisana do Bazy Usług Rozwojowych (BUR). Dzięki temu nasze kursy i szkolenia mogą wspierać systemowy rozwój kompetencji pracowników produkcji, technologów, laboratoriów, działów jakości oraz kadry zarządzającej.

Dofinansowanie usług szkoleniowych

W przypadku firm działających w Polsce wpis do BUR może również umożliwiać ubieganie się o dofinansowanie usług szkoleniowych, zgodnie z aktualnymi zasadami właściwych programów wsparcia. Firmy spoza Polski zainteresowane możliwością dofinansowania kursów prosimy o kontakt z Rolbatch Academy, ponieważ pomagamy w przygotowaniu zgłoszeń i wymaganych informacji dla odpowiednich instytucji w różnych krajach.

Jak zamówić kurs na indywidualne potrzeby Twojej firmy

Skontaktuj się ze mną bezpośrednio, a wspólnie ustalimy szczegóły:

- określimy zakres kursu,
- dobierzemy odpowiednie treści szkoleniowe,
- ustalimy szczegóły techniczne i merytoryczne,
- dostosujemy kurs do konkretnej specyfiki Twojej linii produkcyjnej i stosowanych surowców.

Doradztwo technologiczne Rolbatch Academy

Chociaż w tej książce szczegółowo opisuję wiele typowych problemów związanych z produkcją folii metodą rozdmuchu, zdaję sobie sprawę, że nie da się wyczerpująco omówić wszystkich możliwych sytuacji produkcyjnych w jednej książce. Przetwórstwo tworzyw to bardzo szeroki obszar technologiczny. Jeśli masz konkretny problem technologiczny w swoim zakładzie, zachęcam Cię do skorzystania z naszego specjalistycznego doradztwa technologicznego.

Aby uzyskać indywidualną poradę naszych doświadczonych technologów, opisz swój problem możliwie szczegółowo:

- przedstaw dokładnie, na czym polega problem,
- napisz, kiedy się pojawia i w jakich warunkach produkcyjnych,
- załącz zdjęcia oraz krótkie nagrania wideo dokumentujące sytuację (wszystkie przesłane materiały pozostają do naszej wyłącznej wiadomości i są traktowane jako poufne - nie udostępniamy ich innym firmom ani osobom trzecim).

Wszystkie te materiały wyślij na nasz ogólny adres e-mail dostępny na stronie internetowej. W tytule wiadomości wpisz: **„Zapytanie do technologa”.**

Nasi technolodzy dokładnie przeanalizują Twoje zgłoszenie i przygotują indywidualną wycenę usługi. Jeśli zaakceptujesz naszą propozycję, opracujemy szczegółowe rekomendacje oraz praktyczne wskazówki dotyczące rozwiązania przedstawionego przez Ciebie problemu technologicznego. Dzięki temu szybciej osiągniesz stabilność produkcji oraz poprawisz jakość wytwarzanej folii.

Do realizacji usługi przystępujemy dopiero po akceptacji wyceny, dzięki czemu zakres i koszt prac są ustalone przed rozpoczęciem zlecenia.

Jaki kurs wybrać?

Jeśli jeszcze nie wiesz dokładnie, jaki kurs będzie najlepszy dla Twojego zakładu, zapraszam Cię do skorzystania z darmowej, 30-minutowej konsultacji online, w trakcie której wspólnie ustalimy Twoje potrzeby i oczekiwania.

Kompleksowe doradztwo techniczne przy nowych projektach produkcyjnych

W Rolbatch Academy oferujemy wszechstronne wsparcie technologiczne firmom, które planują nowe inwestycje produkcyjne w zakresie przetwórstwa tworzyw, w tym: **wytłaczania folii, produkcji granulatów i kompozytów oraz recyklingu tworzyw sztucznych.** Jeżeli planujesz zakup linii technologicznej, uruchomienie nowego zakładu lub nowej linii produkcyjnej w istniejącym zakładzie, możesz zgłosić się do nas z konkretnym zapytaniem.

Poprowadzimy Twój projekt od A do Z (od analizy założeń technicznych do uruchomienia produkcji)

Nasz zespół ekspertów, korzystając z wieloletniego doświadczenia branżowego, może wesprzeć Twój projekt od analizy założeń technicznych, przez dobór konfiguracji linii, aż po uruchomienie produkcji. Pomożemy Ci precyzyjnie dobrać odpowiednie maszyny oraz technologie, dostosowane do Twoich specyficznych wymagań. Na przykład skanery grubości, systemy grawimetryczne, automatyczne systemy sterowania linią technologiczną czy roboty mogą pochodzić od różnych dostawców. Naszą rolą będzie optymalny dobór tych elementów, aby osiągnąć lepsze rezultaty produkcyjne i ekonomiczne.

Pamiętaj, że dostawcy maszyn często oferują jedynie wybrane komponenty lub mają swoich podwykonawców. My patrzymy na Twój projekt całościowo i możemy zaproponować rozwiązania idealnie dopasowane do Twoich potrzeb. Przygotujemy dla Ciebie kompleksową propozycję, która uwzględni zarówno dobór odpowiednich maszyn, jak i know-how niezbędny do ich uruchomienia oraz optymalnej eksploatacji.

Wszystkie informacje, które nam przekazujesz, są chronione umową o poufności (NDA) - masz gwarancję, że Twoje dane techniczne czy zdjęcia nie zostaną udostępnione osobom trzecim.

Usługi mentoringowe dla kadry zarządzającej

Oferujemy także mentoring skierowany do kadry zarządzającej, zwłaszcza dla osób, które przychodzą do branży przetwórstwa tworzyw sztucznych z innych sektorów. Taki program mentorski pozwala szybko i efektywnie wdrożyć się w nowe środowisko produkcyjne oraz zrozumieć specyfikę branży polimerowej.

Czym różni się doradztwo od mentoringu?

- Doradztwo technologiczne: skoncentrowane jest na konkretnych aspektach technicznych i operacyjnych projektu produkcyjnego. Oferujemy gotowe, praktyczne rozwiązania dostosowane do specyficznych potrzeb Twojej firmy.
- Mentoring: skupia się na rozwoju osobistym i zawodowym kadry zarządzającej. Mentor przekazuje swoją wiedzę i doświadczenie, pomagając nowym menedżerom odnaleźć się w nowej roli oraz skutecznie wdrożyć się w specyfikę produkcji tworzyw sztucznych i recyklingu.

Nasze usługi doradcze i mentoringowe są zawsze wyceniane indywidualnie, ponieważ zależą od konkretnych potrzeb Twojego projektu.

Umów się na 30-minutową konsultację z Dr Magdaleną Laabs

Jeśli planujesz wdrożenie nowego produktu lub uruchomienie nowej linii technologicznej, umów się ze mną na bezpłatną 30-minutową konsultację online (Google Meet, Teams lub Zoom).

Razem ocenimy Twoje potrzeby i zaproponujemy najlepsze możliwe rozwiązanie.

„Wiedza techniczna ma wartość dopiero wtedy, gdy prowadzi do stabilnych i powtarzalnych rezultatów."

Dr Magdalena Laabs

Laabs Technical Learning Method POD
Proces - Objaw – Decyzja

Metoda POD pomaga przełożyć obserwacje, pomiary i wyniki kontroli jakości na konkretne decyzje produkcyjne. Uczy łączyć to, co dzieje się w procesie, z objawami widocznymi na folii oraz z działaniami, które utrzymują stabilność procesu i powtarzalność jakości wyrobu.

Linia do rozdmuchu folii rolniczych (20 metrów obwód rękawa folii)

Zarezerwuj swoją bezpłatną konsultację już dziś

Email: Laabs@rolbatch.eu
www.rolbatch.eu/kontakt

Więcej informacji na temat naszych kursów online znajdziesz tutaj:

Opis kursów: www.rolbatch.eu/kursy-online-wytlaczanie-folii

Sklep Online:
www.rolbatch.eu/wytlaczanie-folii-kursy-online

Zajrzyj również do zakładki **FAQ** - Najczęściej Zadawane Pytania na stronie internetowej **Rolbatch Academy**.

Jeśli potrzebujesz wsparcia technicznego lub szkoleniowego, skontaktuj się z Rolbatch Academy.

Dr Magdalena Laabs

Rolbatch Academy

www.rolbatch.eu
www.linkedin.com/in/DrMagdalenaLaabs

Linia do wytłaczania folii rolniczych na tunele (Jinming)

testy laboratoryjne rozdmuchu folii

wytłaczarki laboratoryjne Rolbatch
SIEMENS
SMART LINE
TOUCH

Pozdrawiam Cię i życzę powodzenia. Do zobaczenia na targach branżowych

O serii wydawniczej „Wielka Księga Tworzyw Sztucznych"

Publikacja, którą trzymasz w rękach, jest częścią szerszego projektu edukacyjnego poświęconego przetwórstwu, recyklingowi i inżynierii tworzyw sztucznych.

Każda książka z tej serii została zaprojektowana jako samodzielne opracowanie, a jednocześnie jako element większej całości, pozwalającej stopniowo pogłębiać wiedzę - od podstaw materiałowych, przez procesy technologiczne, aż po decyzje przemysłowe i regulacyjne.

Seria „Wielka Księga Tworzyw Sztucznych" obejmuje zagadnienia związane m.in. z wytłaczaniem, formowaniem wtryskowym, barwieniem, dodatkami funkcjonalnymi, recyklingiem mechanicznym i chemicznym, kontrolą jakości oraz interpretacją parametrów procesowych. Poszczególne tomy koncentrują się na wybranych obszarach, umożliwiając czytelnikowi sięganie dokładnie po tę wiedzę, która jest potrzebna na danym etapie pracy lub nauki.

Publikacje z tej serii są wykorzystywane w praktyce przemysłowej. Książki trafiają do bibliotek uczelni technicznych, instytutów badawczych oraz do czytelników indywidualnych, którzy chcą rozumieć procesy technologiczne w sposób uporządkowany i oparty na rzeczywistych uwarunkowaniach przemysłowych.

Aktualne tytuły serii są dostępne w księgarniach internetowych, wybranych bibliotekach oraz poprzez oficjalną stronę wydawniczą Rolbatch.

Więcej informacji o książkach, kolejnych tomach oraz materiałach uzupełniających znajduje się na stronie:

www.rolbatch.eu

Seria: „Wielka Księga Tworzyw Sztucznych”

Książka, którą właśnie trzymasz w ręku, stanowi część serii „Wielka Księga Tworzyw Sztucznych”, w której zebrałam moją wiedzę i ponad 20-letnie doświadczenie w dziedzinie przetwórstwa i recyklingu tworzyw sztucznych.

ISBN serii: 978-83-979298-0-7

Każda publikacja i każdy kurs online, które tworzymy w ramach naszej **Rolbatch Academy**, oznaczone są charakterystycznymi kolorowymi kropkami, aby pomóc Ci szybko rozpoznać interesujący Cię temat:

● niebieska - Wytłaczanie tworzyw sztucznych
● czerwona - Wytłaczanie folii metodą rozdmuchu
● zielona - Recykling tworzyw sztucznych
● pomarańczowa - Badania laboratoryjne i kontrola jakości
● brązowa - Materiałoznawstwo tworzyw sztucznych
● fioletowa - Formowanie wtryskowe tworzyw sztucznych
● żółta - Zrównoważony rozwój, ESG i analiza śladu węglowego
● czarna - Tworzywa techniczne i zaawansowane aplikacje przemysłowe

Cała seria będzie systematycznie rozwijana, ponieważ stale pracujemy nad kolejnymi publikacjami i kursami online. Możesz zapisać się na newsletter na mojej stronie internetowej **www.rolbatch.eu** oraz subskrybować moje blogi na LinkedIn. Dzięki temu będziesz na bieżąco otrzymywać ciekawostki z branży, porady techniczne, informacje o nowych wydaniach książek, kursów oraz materiałów edukacyjnych.

FOLIE BEZ TAJEMNIC
100+ pojęć, które musisz znać
Rozdmuch, CAST, water-quench, stretch, folie termokurczliwe i bioorientowane
Praktyczny przewodnik dla operatorów, technologów oraz studentów przetwórstwa tworzyw i materiałoznawstwa
rolbatch
LAABS ACADEMY
Dr Magdalena Laabs
Część serii:
„Wielka Księga Tworzyw Sztucznych"

BLOWN FILM EXTRUSION
Process Optimization and Problem Solving
A Practical Guide for Operators, Technologists, and Management
Solutions to Common Problems and Methods to Increase Production Efficiency
rolbatch
LAABS ACADEMY
Dr. Magdalena Laabs
Part of the series:
„The Complete Plastics Handbook"

RECYKLING CHEMICZNY TWORZYW SZTUCZNYCH
Od surowca odpadowego do decyzji przemysłowej
rolbatch
LAABS ACADEMY
Dr Magdalena Laabs
Część serii:
„Wielka Księga Tworzyw Sztucznych"

RECYKLING TWORZYW BEZ TAJEMNIC
100+ pojęć, które musisz znać
Sortowanie, mycie, aglomeracja, regranulacja, recykling chemiczny i kontrola właściwości recyklatów
Praktyczny przewodnik dla operatorów i technologów linii recyklingu, działów jakości oraz producentów wyrobów z PCR/PIR
rolbatch
LAABS ACADEMY
Dr Magdalena Laabs
Część serii:
„Wielka Księga Tworzyw Sztucznych"

WYTŁACZANIE TWORZYW BEZ TAJEMNIC
100+ pojęć, które musisz znać
Rury, profile, płyty, granulacja, filamenty 3D i włókniny w produkcji przemysłowej
Kompendium kluczowych pojęć dla operatorów, technologów i inżynierów linii wytłaczarskich
rolbatch
LAABS ACADEMY
Dr Magdalena Laabs
Część serii:
„Wielka Księga Tworzyw Sztucznych"

MATERIAŁOZNAWSTWO TWORZYW BEZ TAJEMNIC
100+ pojęć, które musisz znać
Polimery, właściwości, dodatki i procesy fizykochemiczne
Praktyczny przewodnik dla operatorów, technologów oraz studentów przetwórstwa tworzyw i materiałoznawstwa
rolbatch
LAABS ACADEMY
Dr Magdalena Laabs
Część serii:
„Wielka Księga Tworzyw Sztucznych"

SZTUKA BARWIENIA TWORZYW SZTUCZNYCH
Pigmenty, koncentraty barwiące i praktyczne strategie kontroli koloru
Praktyczny przewodnik dla operatorów, technologów i kadry zarządzającej
Rozwiązania najczęstszych problemów i
rolbatch
LAABS ACADEMY
Dr Magdalena Laabs
Część serii:
„Wielka Księga Tworzyw Sztucznych"

FORMOWANIE WTRYSKOWE BEZ TAJEMNIC
100+ pojęć, które musisz znać
Proces, formy, parametry, surowce i typowe wady wyprasek
Kompendium dla operatorów, ustawiaczy, technologów oraz działów jakości
rolbatch
LAABS ACADEMY
Dr Magdalena Laabs
Część serii:
„Wielka Księga Tworzyw Sztucznych"

DODATKI FUNKCJONALNE W RECYKLINGU TWORZYW SZTUCZNYCH
Mechanizmy działania, dobór, kompatybilność i stabilizacja recyklatów
rolbatch
LAABS ACADEMY
Dr Magdalena Laabs
Część serii:
„Wielka Księga Tworzyw Sztucznych"

ROLBATCH Executive RBX-01

JAK ZWIĘKSZYĆ EBITDA W PRODUKCJI FOLII

Zarządzanie kosztami, procesem i wynikiem finansowym

Produkcja folii metodą rozdmuchu nie jest wyłącznie procesem technologicznym. Z perspektywy zarządu jest to system, w którym każda decyzja dotycząca surowca, grubości folii, odpadu, stabilności procesu, organizacji pracy i inwestycji wpływa bezpośrednio na koszty, marżę oraz EBITDA.

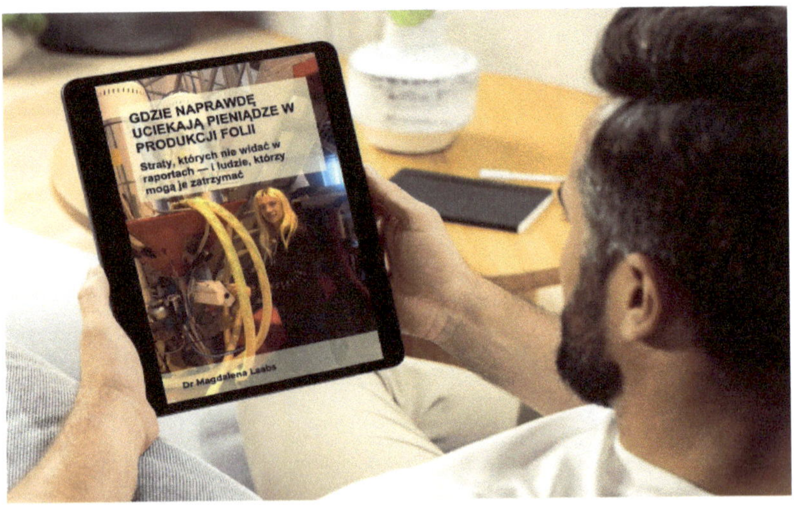

W wielu zakładach posiadających podobne linie technologiczne wyniki finansowe różnią się znacząco. Jedne firmy utrzymują stabilną produkcję i przewidywalną marżę, inne pracują z wysokim poziomem odpadu, częstymi reklamacjami, niestabilnymi ustawieniami i niepełną kontrolą kosztów.

Różnica nie zawsze wynika z technologii. Bardzo często wynika ze sposobu zarządzania produkcją.

Program ROLBATCH Executive RBX-01 został opracowany dla CEO, właścicieli firm, członków zarządu, dyrektorów operacyjnych, finansowych i produkcyjnych, którzy odpowiadają za wynik firmy, ale nie muszą znać szczegółów pracy operatora. Celem programu jest pokazanie produkcji folii jako systemu biznesowego, w którym proces, ludzie, surowce i decyzje zarządcze tworzą jeden wspólny wynik finansowy.

To szkolenie pomaga zrozumieć:

- gdzie w produkcji folii realnie powstają straty,
- dlaczego odpad jest jednym z najważniejszych czynników obniżających EBITDA,
- kiedy większa wydajność oznacza większy zysk, a kiedy tylko większą stratę,
- jak nadmierna grubość folii po cichu zwiększa koszt surowca,
- dlaczego stabilność procesu jest podstawą rentowności,
- kiedy tańszy surowiec może w rzeczywistości generować wyższe koszty,
- jakie pytania zarząd powinien zadawać produkcji, technologom i dostawcom,
- jak odróżniać problem technologiczny od problemu organizacyjnego,
- jak podejmować decyzje inwestycyjne w oparciu o wpływ na wynik finansowy.

Program nie uczy ręcznego ustawiania linii do wytłaczania folii. Nie jest kursem operatorskim. Został przygotowany po to, aby osoby zarządzające mogły lepiej rozumieć produkcję na poziomie decyzji, kosztów, ryzyka i rentowności.

Dzięki temu zarząd może skuteczniej rozmawiać z zespołem produkcyjnym, technologami, działem jakości, dostawcami surowców, producentami linii technologicznych oraz klientami. Wiedza techniczna zostaje tu uporządkowana w taki sposób, aby wspierała decyzje biznesowe, a nie zastępowała pracę specjalistów produkcyjnych.

Efektem programu jest większa kontrola nad kosztami, lepsze rozumienie źródeł strat, trafniejsze decyzje operacyjne i inwestycyjne oraz większa przewidywalność wyniku produkcji.

Produkcja folii może być źródłem stabilnej marży albo miejscem, w którym firma codziennie traci pieniądze. Różnica zaczyna się od tego, czy zarząd potrafi zobaczyć proces nie tylko jako technologię, ale jako system finansowy.

Dokumentacja procesu jako element kompetencji technologicznych

Integralnym elementem pracy technologicznej jest umiejętność dokumentowania procesu - nie tylko w systemach informatycznych, lecz także w formie czytelnych, uporządkowanych zapisów roboczych.

W odpowiedzi na tę potrzebę stworzyłam liczne notebooki kontroli jakości surowców i stabilności procesu, które wspierają analizę parametrów technologicznych, historii partii oraz decyzji podejmowanych w trakcie produkcji.

Takie narzędzia są wykorzystywane zarówno w zakładach przemysłowych, jak i w dydaktyce technicznej, ucząc przyszłych technologów odpowiedzialności procesowej i pracy na rzeczywistych danych, a nie wyłącznie na modelowych założeniach.

www.rolbatch.eu/ksiazki

Laabs Technical Learning Method „POD"
Proces - Objaw - Decyzja

Moja autorska seria książek o uczeniu się i zarządzaniu wiedzą techniczną w branży tworzyw sztucznych.

Wytłaczanie folii metodą rozdmuchu jest procesem, w którym jakość wyrobu zależy od wielu powiązanych ze sobą czynników: surowca, temperatury, ciśnienia, chłodzenia, prowadzenia balonu folii, odciągu, nawijania, kontroli jakości i decyzji podejmowanych na produkcji.

Dlatego wiedza techniczna nie powinna być uczona jako zbiór oderwanych pojęć. Powinna pomagać rozumieć proces, rozpoznawać objawy problemów i podejmować właściwe decyzje.

Temu służy **Laabs Technical Learning Method POD**, oparta na modelu:

Proces - Objaw - Decyzja

W serii ukazują się publikacje dla zarządów, właścicieli firm, dyrektorów produkcji, operatorów, technologów, laboratoriów, jakości, BHP oraz osób odpowiedzialnych za szkolenia techniczne.

Publikacje z serii:

1. **Strategiczne rozumienie technologii w branży tworzyw sztucznych**
   Laabs Technical Learning Method POD dla zarządów, właścicieli firm i dyrektorów produkcji

2. **Jak uczyć się wiedzy technicznej w branży tworzyw sztucznych**
   Laabs Technical Learning Method POD: Proces - Objaw - Decyzja
3. **Jak rozumieć procesy, parametry i wady produkcyjne w branży tworzyw sztucznych**
   Laabs Technical Learning Method POD w praktyce produkcyjnej
4. **Jak budować kompetencje techniczne w zakładzie tworzyw sztucznych**
   Laabs Technical Learning Method POD dla szkoleń, laboratoriów, jakości, BHP i kadry produkcyjnej

Książki z tej serii pomagają przekształcić wiedzę technologiczną w uporządkowany system uczenia się, diagnozy problemów, decyzji produkcyjnych i rozwoju kompetencji w firmie.

Podziękowania

Dla mojego ojca - Ryszarda

Przede wszystkim chcę serdecznie podziękować mojemu ojcu, Ryszardowi - inżynierowi, który był moim pierwszym nauczycielem i mentorem w dziedzinie przetwórstwa tworzyw sztucznych oraz recyklingu. Już od najmłodszych lat budził mnie wcześnie rano - nawet w niedziele - aby cierpliwie tłumaczyć mi, jak powstają produkty z tworzyw sztucznych i jak działa technologia stojąca za procesami produkcyjnymi. To dzięki niemu zainteresowałam się tą dziedziną i zrozumiałam, że właśnie w tym kierunku chcę się rozwijać zawodowo.

Jego praktyczna wiedza, konsekwencja oraz umiejętność logicznego i rzeczowego przekazywania informacji sprawiły, że w naturalny sposób mogłam poznawać kolejne aspekty technologii tworzyw, budując solidne podstawy swojej dalszej drogi zawodowej. Również fakt, że studiując w Warszawie ekonomię trafiłam dodatkowo na Politechnikę Płocką - gdzie jako wolny słuchacz mogłam pogłębiać wiedzę techniczną i materiałoznawczą - był w dużej mierze zasługą jego wsparcia, doświadczenia i przekonania, że rzetelna wiedza inżynierska jest fundamentem świadomego rozwoju w tej branży.

To właśnie takie podejście ukształtowało we mnie potrzebę łączenia wiedzy technicznej z praktycznym rozumieniem procesów oraz odpowiedzialności za podejmowane decyzje technologiczne. Wpływ ten towarzyszy mi do dziś w pracy zawodowej, szkoleniowej i doradczej.

Dla mojego męża - Adama

Szczególne słowa wdzięczności kieruję do mojego męża, Adama. Dziękuję Ci za to, jak wiele się wspólnie uczymy każdego dnia - nie tylko w dziedzinie tworzyw sztucznych, polimerów i recyklingu, ale także o życiu, ludziach i świecie wokół nas. Dziękuję za Twoją ogromną cierpliwość, zwłaszcza wtedy, gdy poświęcam długie godziny na pisanie książek oraz tworzenie kursów i materiałów edukacyjnych. Jestem Ci wdzięczna za naszą wspólną drogę, podczas której realizujemy cele, spełniamy wspólne marzenia i odkrywamy nowe miejsca, podróżując razem po świecie i poznając wspólnie ponad 35 krajów Europy, Azji, Afryki oraz Ameryki Południowej - a wiele kolejnych wciąż jest przed nami.

Twoje spojrzenie, doświadczenie i sposób myślenia wielokrotnie pomagały mi porządkować złożone zagadnienia i podejmować trafne decyzje zawodowe. To z Tobą w pierwszej kolejności omawiam zagadnienia technologiczne, koncepcje rozwiązań oraz kierunki dalszych działań, jeszcze zanim przybiorą one ostateczną formę. Jesteś dla mnie nie tylko partnerem życiowym, ale także najbliższym przyjacielem, z którym dzielę codzienność i wszystkie najważniejsze decyzje. Wsparcie, które od Ciebie otrzymuję, ma realny wpływ na kierunek i jakość mojej pracy. Twoje wsparcie i zaangażowanie dają mi siłę, inspirację oraz poczucie, że wszystko, co robimy razem, nabiera głębszego sensu. Bez Ciebie ta książka by nie powstała - dziękuję, że jesteś.

Dla Briana Tracy - mojego mentora i przewodnika w rozwoju osobistym

Szczególne podziękowania kieruję do Briana Tracy, od którego przez ostatnie 13 lat nauczyłam się, że strategie stosowane przez ludzi sukcesu są uniwersalne, niezależnie od branży, w której działamy. Jego wiedza oraz praktyczne wskazówki pozwoliły mi z powodzeniem zastosować te zasady w branży przetwórstwa tworzyw sztucznych i recyklingu, a jestem przekonana, że każdy z Was może je wdrożyć w swojej dziedzinie.

Zachęcam Was serdecznie do przeczytania naszej wspólnej książki pt. „Successful Mindset - The Key to Achieving Your Goals" (podtytuł: 23 zasady, jakimi kierują się ludzie sukcesu). Oczywiście tych zasad może być więcej, ale wspólnie z Brianem opisaliśmy 23 najważniejsze według mojego doświadczenia. Nauczyłam się ich od Briana, zastosowałam w życiu zawodowym i osobistym, i mogę potwierdzić, że naprawdę działają.

Pamiętajmy, że nawet jeśli w życiu ponosimy porażki, są one jedynie etapem drogi, którą musimy przejść. Czasem potrzebujemy właśnie takich doświadczeń, by móc wzrastać. Kluczowe jest nasze podejście do tego, co się nam przydarza - traktujmy niepowodzenia jako lekcje, nie jako porażki, a wtedy wszystko stanie się prostsze.

Miałam okazję poznać Briana osobiście - jest człowiekiem niezwykle mądrym, elokwentnym, a przy tym pełnym humoru, który potrafi inspirować innych swoim podejściem i doświadczeniem. Dziękuję za wszystko, Brian.

Dla profesora Zenona Tartakowskiego - za wiedzę i fachowe konsultacje

Chcę również podziękować profesorowi Zenonowi Tartakowskiemu, wybitnemu specjaliście w dziedzinie przetwórstwa tworzyw sztucznych i materiałoznawstwa, za możliwość regularnych konsultacji oraz wsparcie merytoryczne przy rozwiązywaniu konkretnych problemów technologicznych. Jego szeroka wiedza i doświadczenie były dla mnie niezwykle pomocne w realizacji wielu projektów przemysłowych.

Dla technologów, dyrektorów produkcji, kierowników produkcji i operatorów maszyn

Szczególne słowa wdzięczności kieruję także do licznych technologów, dyrektorów produkcji, kierowników produkcji oraz operatorów maszyn, z którymi miałam przyjemność współpracować podczas realizacji ponad 200 projektów dotyczących wytłaczania folii, rur, profili, płyt, włóknin i recyklingu tworzyw sztucznych.
To właśnie dzięki Wam poznałam prawdziwe realia produkcji, rzeczywiste problemy technologiczne oraz praktyczne rozwiązania, które wprowadzaliśmy wspólnie. Każdy projekt był dla mnie źródłem cennej, praktycznej wiedzy. Dzięki naszej współpracy zrozumiałam, jak ważne jest dzielenie się doświadczeniami oraz praktyczne rozwiązywanie problemów produkcyjnych.

Przekazanie pałeczki kolejnym pokoleniom specjalistów

Dziś czuję, że to moja rola, aby przekazać wiedzę i doświadczenia zdobyte z Wami kolejnym pokoleniom specjalistów w branży przetwórstwa tworzyw sztucznych i recyklingu. Podobnie jak biegacze w sztafecie przekazują sobie pałeczkę, tak ja chciałabym przekazać zdobywaną przez lata wiedzę dalej - młodszym kolegom i koleżankom, ale także tym, którzy mają już za sobą dłuższy staż w branży.

Każdy z Was, pracując w różnych zakładach produkcyjnych, wniósł swoje doświadczenia i własną perspektywę. Ja zaś jako osoba odpowiedzialna za wdrażanie technologii i linii technologicznych w zakładach produkcyjnych, mogłam zebrać te doświadczenia z wielu projektów, analizować je, wyciągać wnioski i stosować w kolejnych realizacjach.

To właśnie dzięki temu doświadczeniu mogę dziś dzielić się z Wami praktyczną wiedzą o optymalizacji procesów produkcyjnych, przetwórstwie tworzyw sztucznych i materiałoznawstwie. Jestem przekonana, że dzięki praktycznym wskazówkom zawartym w tej książce będziecie mogli skutecznie rozwijać swoje kompetencje, optymalizować produkcję i rozwiązywać pojawiające się problemy technologiczne.

Dziękuję Wam wszystkim za to, czego mnie nauczyliście, za Waszą otwartość, współpracę i za wspólny wysiłek, dzięki któremu powstała ta książka.

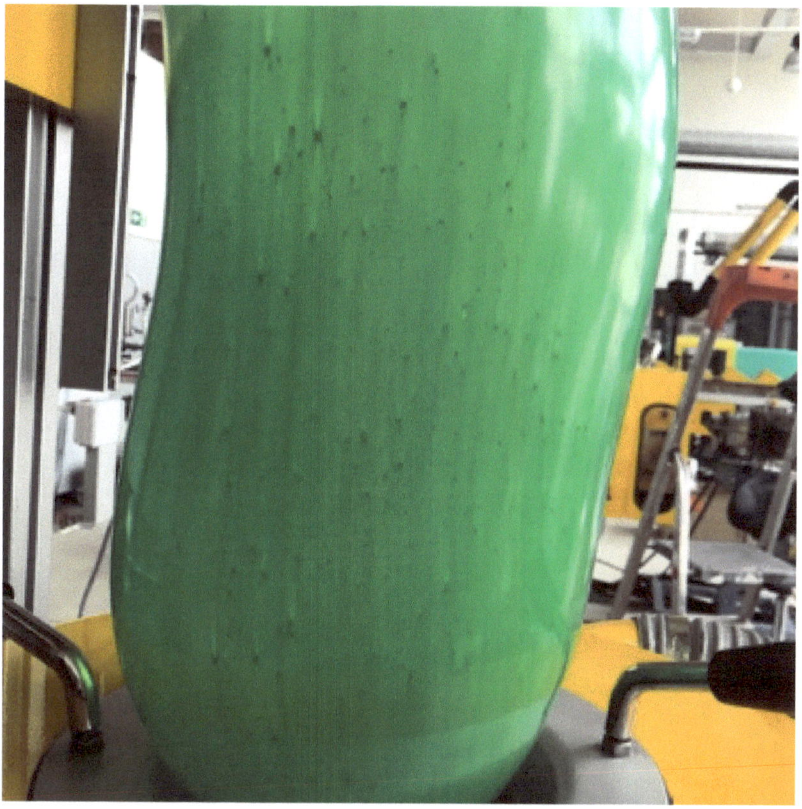

Testy folii produkowanej z regranulatów foliowych z domieszką poliamidu (PA). Zastosowanie odpowiednich kompatybilizatorów pozwoliło na wyeliminowanie negatywnego wpływu PA na jednorodność i stabilność folii

JAK TA KSIĄŻKA ŁĄCZY SIĘ Z KURSAMI ONLINE?

Książka została przygotowana jako część większego projektu edukacyjnego Rolbatch Academy, obejmującego serię kursów online „Wytłaczanie folii metodą rozdmuchu". Zakres książki i kursów częściowo się pokrywa, ponieważ dotyczą tej samej technologii, jednak każdy materiał rozwija temat w innym kierunku.

Książka porządkuje zagadnienia, przedstawia je w formie opracowania technicznego i umożliwia szybkie odnalezienie konkretnego problemu, natomiast kursy zawierają elementy, których nie da się przedstawić w książce - filmy instruktażowe, wizualizacje procesów, listy kontrolne oraz rozbudowane studia przypadków.

Razem tworzą spójne kompendium wiedzy wspierające technologów produkcji, operatorów maszyn, kierowników i dyrektorów produkcji oraz właścicieli zakładów zajmujących się wytłaczaniem folii.

Materiały kursu online Rolbatch Academy

Rozwinięcie tematyki w kursach Rolbatch Academy

Książka stanowi uzupełnienie treści omawianych w kursie „Optymalizacja procesów produkcji folii - jak radzić sobie z typowymi wyzwaniami" (Część 4, BLFIL-P4-1004), należącym do serii „Wytłaczanie folii metodą rozdmuchu".

Seria obejmuje kompletny zestaw kursów poświęconych m.in. surowcom stosowanym w produkcji folii, podstawom technologii folii rozdmuchowych, konstrukcjom folii 3-5-warstwowych oraz 7-9-warstwowych, a także zagadnieniom specjalistycznym. Poniżej zestawiłam pełną strukturę kursów rozwijających zagadnienia technologii folii rozdmuchowych.

W kursach online Rolbatch Academy tematy przedstawione w książce są rozwinięte szerzej - z dodatkowymi przykładami, ilustracjami, zdjęciami procesów, listami kontrolnymi oraz materiałami wideo. Książka i kursy nie powielają treści; stanowią dwa uzupełniające się źródła wiedzy, zapewniając kompletny system wsparcia dla produkcji folii rozdmuchowych.

Kursy z serii „Wytłaczanie folii metodą rozdmuchu"

1. **Wprowadzenie do wytłaczania folii metodą rozdmuchu**
   (Część 1, BLFIL-P1-1001)
2. **Surowce i dodatki w produkcji folii PE**
   (Część 2, BLFIL-P2-1002)

3. **Budowa linii do wytłaczania folii**
(Część 3, BLFIL-P3-1003)
4. **Optymalizacja procesów produkcji folii - jak radzić sobie z typowymi problemami**
(Część 4, BLFIL-P4-1004)
5. **Technologie wspomagające produkcję folii**
(Część 5, BLFIL-P5-1005)
6. **Produkcja folii termokurczliwej i Stretch Hood**
(Część 6, BLFIL-P6-1006)
7. **Technologie wielowarstwowe w produkcji folii PE**
(Część 7, BLFIL-P7-1007)
8. **Technologie wielowarstwowe w produkcji folii PE - z dodatkowymi zagadnieniami**
(Część 7 PRO, BLFIL-P7-1007 PRO)
9. **Produkcja folii z surowców z recyklingu i recykling własnych folii**
(Część 8, BLFIL-P8-1008)
10. **Ekonomia i analiza kosztów produkcji folii PE**
(Część 9, BLFIL-P9-1009)
11. **Troubleshooting struktur wielowarstwowych (3-5 warstw)**
(Część 10, BLFIL-P10-1010)
12. **Struktury 7- i 9-warstwowe - zaawansowane układy wielowarstwowe**
(Część 11, BLFIL-P11-1011)

KURSY ONLINE 24/7 DLA PRODUKCJI FOLII

Wiedza o produkcji folii zebrana w jednym miejscu.

Siadasz, czytasz, oglądasz, słuchasz i porządkujesz wiedzę bez szukania po wielu źródłach.

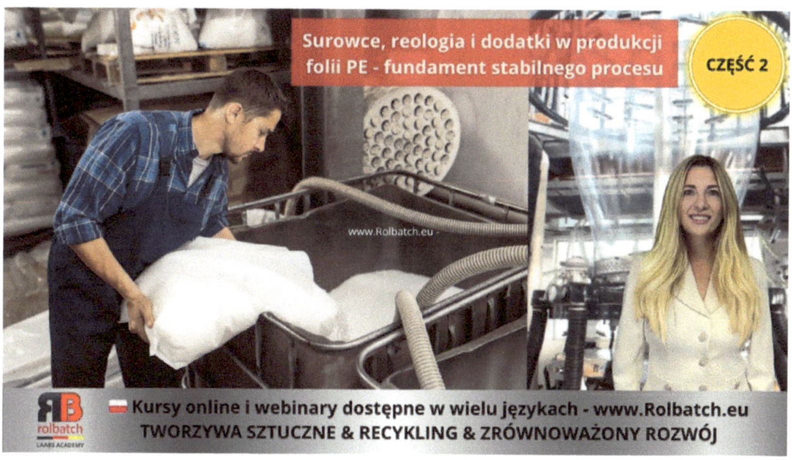

PRAKTYCZNA WIEDZA DLA OPERATORÓW I TECHNOLOGÓW 24/7

Od podstaw procesu po typowe problemy produkcyjne - wszystko w jednym programie.

Zrozum proces szybciej i reaguj pewniej na problemy na linii.

MNIEJ SZUKANIA, WIĘCEJ KONKRETNEJ WIEDZY

Oszczędzasz czas - nie musisz samodzielnie zbierać informacji z wielu miejsc.

Kursy przygotowane dla osób, które pracują z produkcją folii na co dzień.

SZKOLENIA ONLINE DOSTĘPNE W DOWOLNYM CZASIE

Uczysz się wtedy, kiedy masz czas - na komputerze, tablecie lub smartfonie.

Czytasz, słuchasz i oglądasz materiały w tempie dopasowanym do Twojej pracy.

PRODUKCJA FOLII WYJAŚNIONA PRAKTYCZNIE

Produkcja folii wyjaśniona jasno, krok po kroku i z odniesieniem do realnych problemów.

Praktyczne szkolenia online dla operatorów, technologów i kierowników produkcji.

KURSY „ROLBATCH EXECUTIVE" DLA KADRY ZARZĄDZAJĄCEJ

„Jak zwiększyć EBITDA w produkcji folii – zarządzanie kosztami i procesem"

Nr kursu: RBX-01 | ROLBATCH Executive – program online dla zarządu i kadry zarządzającej

KURSY Z SERII „ZROZUMIEĆ TWORZYWA"

- **Jak powstaje folia? Wprowadzenie do technologii produkcji folii dla handlowców i menedżerów**
  (PLAS-INT-2001)
- **Słownik Branżowy - 100+ Kluczowych Zwrotów w Produkcji Folii**
  (PLAS-INT-2002)

Dodatkowe serie szkoleniowe Rolbatch Academy

Warto również zapoznać się z innymi seriami kursów:

- „Wytłaczanie" & „Wtrysk",
- „Recykling mechaniczny i chemiczny"
- „Laboratorium i kontrola jakości",
- „ESG i gospodarka obiegu zamkniętego"
- „Social media i marketing dla branży tworzyw sztucznych"

WSPARCIE TECHNICZNE I KONSULTING

W **Rolbatch Engineering** oraz **Rolbatch Academy** oferujemy wsparcie w doborze, zakupie i uruchomieniu linii do produkcji folii metodą rozdmuchu. Realizujemy konsultacje techniczne, audyty zakładów oraz szkolenia praktyczne dla operatorów, technologów i kierowników produkcji. Zakres wsparcia obejmuje również pomoc we wdrożeniu procesu oraz optymalizację parametrów pracy linii.

Przygotowujemy szyte na miarę szkolenia dla Twojego zespołu - zarówno **szkolenia wprowadzające, tzw. onboardingowe, dla nowych pracowników**, jak i **cykliczne szkolenia dla załogi Twojego zakładu**.

Szkolenia mogą mieć charakter standardowy lub zostać **przygotowane specjalnie dla Twojej firmy**, z uwzględnieniem konkretnych procesów, typowych problemów produkcyjnych, stosowanych surowców, konfiguracji linii oraz poziomu doświadczenia pracowników. Materiały zdjęciowe, wideo i opisy technologiczne mogą być **oparte na zasobach Rolbatch Academy**, ale **możesz również dostarczyć własne materiały z zakładu**, które zostaną wykorzystane wyłącznie w kursie dedykowanym Twojej firmie.

Szkolenia możemy udostępniać online w 14 językach. Zadzwoń lub napisz do Rolbatch Academy, aby uzyskać szersze informacje.

JAK ROBIĆ NOTATKI METODĄ POD?

Nie czytaj tej książki jak zwykłego tekstu do zapamiętania. Czytaj ją tak, jak czyta się materiał, który ma pomóc lepiej rozumieć proces, szybciej rozpoznawać problemy i podejmować trafniejsze decyzje na produkcji.

Metoda POD opiera się na trzech pytaniach:

Proces - gdzie to występuje?

Przy każdym pojęciu, problemie lub decyzji zapytaj, w którym miejscu procesu ma ono znaczenie. Czy dotyczy surowca, przygotowania surowca, uplastyczniania, filtracji, głowicy, formowania wyrobu, chłodzenia, odciągu, nawijania, kontroli jakości, laboratorium, BHP czy zarządzania produkcją?

Objaw - po czym można to rozpoznać?

Zapisz, jak dana wiedza objawia się w praktyce. Może to być wada wyrobu, zmiana ciśnienia, niestabilność procesu, wzrost odpadowości, reklamacja, wynik badania, przestój, problem z nawijaniem, kruchość wyrobu, smugi, pęcherze, zapach degradacji albo różnica między partiami surowca.

Decyzja - co z tą wiedzą zrobić?

Na końcu zapisz, jaką decyzję pomaga podjąć dana informacja. Czy trzeba coś sprawdzić, zgłosić, zmierzyć, porównać, powtórzyć, zmienić, zatrzymać, skonsultować albo dopisać do procedury? Dobra notatka techniczna nie kończy się na definicji. Kończy się wnioskiem, który może pomóc w realnej pracy.

Podczas czytania wybieraj tylko te informacje, które mają znaczenie praktyczne. Nie przepisuj całych akapitów. Zapisuj zależności, pytania, objawy i decyzje. Jeśli coś wydaje się ważne, ale nie wiesz jeszcze, gdzie występuje w procesie, zapisz to jako pytanie do sprawdzenia. Właśnie w ten sposób wiedza techniczna przestaje być zbiorem pojęć, a zaczyna stawać się narzędziem pracy.

Jak najlepiej notować?

Temat / pojęcie / problem:
miejsce na wpisanie tematu

P - Proces
Gdzie to występuje? Z jakim etapem procesu jest powiązane?

O - Objaw
Po czym można to rozpoznać w praktyce?

D - Decyzja
Jaką decyzję pomaga podjąć ta wiedza?

Moje wnioski / pytania do sprawdzenia:
miejsce na własne obserwacje

Więcej o metodzie POD znajdziesz w serii moich książek: www.rolbatch.eu/ksiazki

NOTATKI

. . . .

. . . .

. . . .

. . . .

. . . .

. . . .

. . . .

. . . .

. . . .

. . . .

. . . .

. . . .

. . . .

. . . .

. . . .

. . . .

. . . .

. . . .

www.ingramcontent.com/pod-product-compliance
Lightning Source LLC
LaVergne TN
LVHW021204071026
849580LV00001BC/3
* 9 7 8 8 3 9 7 9 2 9 8 2 1 *